江西省研究生优质课程系列教材

蜜蜂饲养专题

曾志将　主编

中国农业科学技术出版社

图书在版编目(CIP)数据

蜜蜂饲养专题 / 曾志将主编 . --北京：中国农业科学技术出版社，2023.8
ISBN 978-7-5116-6367-2

Ⅰ.①蜜… Ⅱ.①曾… Ⅲ.①蜜蜂饲养 Ⅳ.①S894.1

中国国家版本馆 CIP 数据核字(2023)第 131494 号

责任编辑　朱　绯
责任校对　马广洋
责任印制　姜义伟　王思文

出 版 者	中国农业科学技术出版社
	北京市中关村南大街 12 号　　邮编：100081
电　　话	(010) 82109707 (编辑室)　　(010) 82109702 (发行部)
	(010) 82109709 (读者服务部)
网　　址	https://castp.caas.cn
经 销 者	各地新华书店
印 刷 者	北京建宏印刷有限公司
开　　本	170 mm×240 mm　1/16
印　　张	9.5
字　　数	156 千字
版　　次	2023 年 8 月第 1 版　2023 年 8 月第 1 次印刷
定　　价	40.00 元

━━━ 版权所有·翻印必究 ━━━

内容简介

《蜜蜂饲养专题》分为理论课教学和实验课教学两部分。理论课教学主要包括国家发展养蜂业的意义、强群饲养及优质高产技术、蜜蜂授粉效果及思考、蜂螨及其防治、蜜蜂性别决定机理研究进展、工蜂分工及其机理、蜂群中的合作与冲突、中蜂雄蜂封盖子气孔结构、中蜂与意蜂营养杂交及其机理、中蜂转录组与遗传图谱、不同蜂种间工蜂咽下腺转录差异比较、蜜蜂级型分化机理、蜂群中的化学通讯、蜜蜂学习与记忆研究进展、蜜蜂RFID技术研发及其应用、蜜蜂免移虫产浆和育王技术、天然蜂粮生产技术研究与应用、人工育王方法思考与研究等内容。实验课教学主要包括蜜蜂基因组DNA提取、蜜蜂RNA提取、蜜蜂基因克隆、蜜蜂组织中总蛋白SDS-PAGE电泳等内容。本书既可供高等院校开设《蜜蜂饲养专题》研究生课程作教材,也可供广大科技工作者参考使用。

《蜜蜂饲养专题》
编写人员

主　编　曾志将（江西农业大学）

编　者　颜伟玉（江西农业大学）

　　　　吴小波（江西农业大学）

　　　　王子龙（江西农业大学）

　　　　张丽珍（江西农业大学）

　　　　何旭江（江西农业大学）

　　　　黄　强（江西农业大学）

前　言

我于 1996 年在江西农业大学招收养蜂硕士研究生，就开始讲授"蜜蜂饲养专题"课程，由于没有正式的研究生教材，自己是边学习，边组织教学，其难度可想而知。历经 27 年，讲授过 20 多次"蜜蜂饲养专题"课程，培养了 100 多名养蜂硕士研究生，"蜜蜂饲养专题"课程内容逐渐丰富和完善。2020 年"蜜蜂饲养专题"被列入江西省研究生优质课程进行重点建设。

为了让"蜜蜂饲养专题"课程教材内容紧跟科技前沿，在编写过程中，我们广泛吸取了国内外蜜蜂研究成果，力求编写一本既有先进性又有实用性的研究生教材，以适应我国培养现代农业人才的需要。

本教材由江西农业大学蜜蜂研究所 7 位教师共同完成，曾志将教授编写了理论课教学的专题 1、专题 2、专题 6、专题 7、专题 16、专题 17、专题 18；颜伟玉教授编写了理论课教学的专题 3、专题 13；吴小波教授编写了理论课教学的专题 8、专题 9；王子龙研究员编写了理论课教学的专题 5、专题 10、专题 11 及实验课教学的 4 个专题；张丽珍高级实验师编写了理论课教学的专题 14；何旭江副研究员编写了理论课教学的专题 12、专题 15；黄强副教授编写了理论课教学的专题 4。

由于编者水平所限，书中难免有不妥和错误之处，盼望同行专家和广大读者不吝赐教。

曾志将
2023 年 5 月于南昌

目 录

第一部分 理论课教学

专题1 国家发展养蜂业的意义 ……………………………… 3
 一、蜜蜂授粉可以大幅度提高农作物产量和品质 ……………… 3
 二、提供优质蜂产品 ……………………………………………… 4
 三、助力农民增收致富 …………………………………………… 6
 四、维持生物多样性和保持生态平衡 …………………………… 6
 五、养蜂可有效控制授粉植物的虫害 …………………………… 7
 六、蜜蜂作为生物指示器可助力环境监测 ……………………… 7
 七、蜂产品可出口创汇 …………………………………………… 8
 八、蜜蜂可发展成为理想模式生物 ……………………………… 8

专题2 强群饲养及优质高产技术 …………………………… 10
 一、西方蜜蜂强群快速培育和维持关键技术要点 …………… 10
 二、西方蜜蜂采蜜强群组织及优质高产技术要点 …………… 13
 三、高品质蜂王浆生产技术要点 ……………………………… 15

专题3 蜜蜂授粉效果及思考 ………………………………… 18
 一、蜜蜂与植物协同进化 ……………………………………… 18
 二、蜜蜂授粉的必要性与优越性 ……………………………… 21
 三、国内外利用蜜蜂授粉概况 ………………………………… 23

专题4 蜂螨及其防治 ………………………………………… 26
 一、瓦螨的生物学特性及其繁殖周期 ………………………… 26
 二、瓦螨对蜂群的危害 ………………………………………… 27
 三、瓦螨防治 …………………………………………………… 28

专题5 蜜蜂性别决定机理研究进展 ………………………… 31
 一、性别决定机制的概述 ……………………………………… 31
 二、蜜蜂性别决定分子机制 …………………………………… 32
 三、蜜蜂 *csd* 基因 ……………………………………………… 33

四、*csd* 基因多态性 35
　　五、蜜蜂 *fem* 基因 37
　　六、蜜蜂 *Amdsx* 基因 39
　　七、蜜蜂 *Amtra2* 基因 39
　　八、蜜蜂与其他昆虫性别决定通路比较 40
专题 6　工蜂分工及其机理 42
专题 7　蜂群中的合作与冲突 47
　　一、蜂群内工蜂合作 47
　　二、蜂群内工蜂冲突 48
专题 8　中蜂雄蜂封盖子气孔结构 55
专题 9　中蜂与意蜂营养杂交及其机理 60
　　一、蜜蜂营养杂交 60
　　二、中蜂蜂王浆与意蜂蜂王浆差异 61
　　三、中蜂与意蜂营养杂交机理 62
专题 10　中蜂转录组与遗传图谱 68
　　一、中蜂转录组 68
　　二、中蜂遗传图谱 69
专题 11　不同蜂种间工蜂咽下腺转录差异比较 72
　　一、东方蜜蜂与西方蜜蜂咽下腺形态差异 72
　　二、咽下腺发育程度与蜂王浆分泌活性的影响因素 73
专题 12　蜜蜂级型分化机理 75
　　一、营养因素对蜜蜂级型分化的影响 75
　　二、空间因素对蜜蜂级型分化的影响 76
　　三、母体效应对蜜蜂级型分化的影响 76
　　四、蜜蜂级型分化的调控机制 77
专题 13　蜂群中的化学通讯 81
　　一、西方蜜蜂子脾信息素鉴定 81
　　二、东方蜜蜂子脾信息素鉴定 83
　　三、蜜蜂大幼虫封盖的分子机理 84
　　四、采集蜂信息素 86
　　五、蜜蜂幼虫饥饿信息素鉴定 87
专题 14　蜜蜂学习与记忆研究进展 89
　　一、蜜蜂的大脑 90

二、蜜蜂的学习记忆 ……………………………………………… 91
　　三、本实验室对蜜蜂学习记忆研究的工作简介 ………………… 93
专题 15　蜜蜂 RFID 技术研发及其应用 ……………………… 95
　　一、蜜蜂 RFID 技术原理 ………………………………………… 95
　　二、蜜蜂 RFID 技术主要组件 …………………………………… 96
　　三、蜜蜂 RFID 技术在蜜蜂个体生物学中的应用 ……………… 99
专题 16　蜜蜂免移虫产浆和育王技术 ………………………… 101
　　一、蜜蜂免移虫产浆技术 ………………………………………… 102
　　二、蜜蜂免移虫育王技术 ………………………………………… 106
专题 17　天然蜂粮生产技术研究与应用 ……………………… 108
专题 18　人工育王方法思考与研究 …………………………… 112
　　一、不同移虫日龄育王对蜂王质量的影响 ……………………… 113
　　二、不同卵（王台中，工蜂巢房中受精卵）对蜂王质量的影响 …… 114
　　三、不同移虫日龄育王对蜂王 DNA 甲基化累代效应的影响 …… 115
　　四、不同移虫日龄育王对蜂王 DNA 甲基化遗传印迹的影响 …… 115

第二部分　实验课教学

专题 1　蜜蜂基因组 DNA 提取 ………………………………… 119
专题 2　蜜蜂 RNA 提取 ………………………………………… 121
专题 3　蜜蜂基因克隆 …………………………………………… 123
专题 4　蜜蜂组织中总蛋白 SDS-PAGE 电泳 ………………… 128
主要参考文献 ………………………………………………………… 131

第一部分
理论课教学

专题1 国家发展养蜂业的意义

养蜂业是现代农业的重要组成部分,是农业生态平衡链条不可缺少的环节,在国民经济发展中起着独特作用,是一个有百益而无一害的利国利民的行业。养蜂业在畜牧业中既是传统养殖业,又是特色养殖产业。养蜂业既不与种植业争土地和肥料,也不与养殖业争饲料。利用蜜蜂授粉来提高农作物产量和品质,已成为绿色食品生产和实现农业现代化的一项重要配套措施。蜜蜂以其特有的生物学本能,参与大自然的生态平衡,在食物链中起着承上启下的作用。2017年12月20日,联合国宣布将每年的5月20日确定为"世界蜜蜂日"。养蜂业在满足人民美好生活需要、促进农业绿色发展、保护生态环境、助力乡村产业振兴等方面都有重要作用。

国家发展养蜂业至少有以下几个方面的意义。

一、蜜蜂授粉可以大幅度提高农作物产量和品质

授粉是指一朵花中的花粉借助外力传到同一朵花或不同朵花柱头上的过程,是植物有性生殖过程的重要环节。植物传粉途径有水媒、风媒和动物媒等。授粉分为自花授粉和异花授粉。异花授粉的媒介主要是风媒和虫媒,少数为水媒、鸟媒等,植物对不同传粉媒介有与之相匹配的形态和结构。

据调查,全球大约1/3的食物直接或间接来源于昆虫授粉,超过1/2的油脂类食物来源于昆虫授粉,例如,棉花、油菜、向日葵、椰子、花生和油棕。全球100种重要农作物,80%依靠蜜蜂授粉增产10%~50%。

蜜蜂授粉是国家蜜蜂饲养业发展的最重要方向。通过蜜蜂授粉,一是提高了授粉植物果实或种子的产量或品质;二是经蜜蜂授粉的种子发育成

下一代植株的增产因素。

法国和德国科学家研究表明，世界昆虫授粉（其中主要是蜜蜂授粉）的经济价值为1 530亿欧元/年，占世界农业粮食生产总值的9.5%。欧盟蜜蜂授粉产值超过220亿欧元/年，美国超过150亿美元/年。据中国农业科学院蜜蜂研究所测算，蜜蜂授粉每年对我国农业生产贡献达3 042亿元，相当于全国农林牧渔总产值的6.18%。

蜜蜂授粉可以大幅度提高农作物的产量和品质。比如油菜增产18.7%~37.0%，出油率提高10%；棉花增产38%，棉绒长度提高8.6%，种子发芽率提高27.4%；向日葵增产27.2%~34.0%，出仁率提高48%；大豆增产18.7%~20.1%，千粒重提高6.0%；苹果坐果率提高20%~30%，增产26.2%~31.7%；草莓增产65.6%~74.3%，畸形果率下降60.7%~63.1%，净效益增长69.85%~79.02%，且草莓甜度增加。2010年2月，农业部印发了《关于蜜蜂授粉技术推广促进养蜂业持续健康发展的意见》。

随着农业生产的规模化、集约化、化学化程度日益提高，除草剂和杀虫剂的广泛应用，使昆虫生存环境恶化，野生授粉昆虫越来越少，因此养殖蜜蜂提升授粉率更显重要。利用蜜蜂为大田植物和大棚植物授粉的产业化，是现代农业发展的必然趋势。美、英、法等许多经济发达国家都十分重视利用蜜蜂为农作物授粉，并取得了非常明显的经济效益和社会效益。比如2015年5月美国白宫颁布了由美国环境保护局和美国农业部联合起草的《关于保护蜜蜂及其他传粉者的国家战略发展规划》。养蜂业作为"空中农业"，在西方国家已成为专门的产业，是农业增产的一项重要措施。

在经济高速发展的今天，自然资源枯竭给人类生存带来了严峻挑战，而发展养蜂业符合我国建设资源节约型社会的要求。加强蜜蜂授粉政策研究，为国家出台蜜蜂授粉补贴政策提供可行性方案，从而让蜜蜂授粉收入逐渐成为我国养蜂者收入的重要渠道。

二、提供优质蜂产品

人类原始利用蜂产品历史可以追溯到旧石器时期，原始人采集野生蜂巢中蜂蜜作为食物。在崇尚回归大自然的今天，蜂产品已成为消费者喜欢的天然食品，是大自然通过蜜蜂馈赠给人类的佳品。这些蜂产品用途很广，价值很高。

蜂蜜是工蜂采集植物的花蜜或分泌物,经过充分酿造而贮藏在巢脾内的甜物质。蜂蜜素有"天然食品""老年人牛奶"的美称。蜂蜜中含有数十种糖类,其中,葡萄糖和果糖是主要成分,这两种单糖能直接被人体吸收,另外蜂蜜中还含有大量的酶类、维生素、微量元素及有机酸等,可谓营养丰富。《本草纲目》中论述了蜂蜜的药用功能:"生则性凉,故能清热;熟则性温,故能补中;甘而和平,故能解毒;柔而濡泽,故能润燥"。实验表明,饮用蜂蜜可以增强人体机能;有利于人体消化,促进人的食欲;另外对治疗胃肠溃疡或炎症有一定作用,并且有促进肝炎、贫血、心血管疾病等患者早日康复的功能。

蜂王浆是青年工蜂头部的咽下腺和上颚腺分泌的一种乳白色或淡黄色浆状物质,是工蜂用来饲喂蜂王和小幼虫的一种高营养食物,蜂王浆又称为蜂皇浆或蜂乳,被誉为"生命长寿因子"。大量实验表明,服用蜂王浆有显著的滋补保健效果。蜂群的生物学特性,可以给人们很大的启示:一是蜂王食用的是蜂王浆,自然寿命可达4~6年,而工蜂食用的是蜂蜜和花粉,自然寿命仅为1~2个月,蜂王和工蜂都是由同样的受精卵发育而成,这说明了蜂王浆有延年益寿的作用;二是蜂王一天内可产1 000~2 000粒卵,这些卵的重量之和相当于蜂王本身重量,这是生物界的一个奇迹。蜂王这种惊人的产卵力主要靠不断食用蜂王浆来维持。这也同时说明蜂王浆能促进生物体内的新陈代谢。这种高速的新陈代谢,正是生物体延缓衰老所必需的。因此,许多人把蜂王浆看作保健美容佳品,是不无道理的。

蜂花粉是植物的精子,被誉为"最完全的营养食品""浓缩的营养库"。蜂花粉中含有大量的蛋白质、氨基酸及维生素等。实验表明,蜂花粉在治疗前列腺炎、肠炎、胃肠功能紊乱、抗疲劳、抗衰老、美容养颜等方面都有显著效果。蜂花粉已应用于医药、食品、化妆品、饲料添加剂等行业,许多蜂花粉制品享誉盛名,畅销不衰。

蜂胶是工蜂从植物幼芽或树干损伤部位采集来的树脂,并混入上颚腺分泌物和蜂蜡等加工而成的一种具有芳香气味的胶状固体物。经现代化学分析证明,蜂胶集动物和植物之精华成分,具有复杂而独特的化学组成,其最大的特点是富含黄酮类和萜烯类物质。大量临床表明:蜂胶制品对治疗糖尿病和高脂血症以及增强人体免疫力有明显功效。

蜂蜡是工蜂蜡腺分泌出来的一种脂肪性物质，其主要成分是高级一元醇与饱和脂肪酸形成的酯。应用蜂蜡可生产新型的植物生长激素——三十烷醇，另外还可应用在润滑剂、丸药包衣、各种贵重金属防锈防腐蚀的保护层、食品工业等方面。

蜂毒是工蜂毒腺及副腺分泌的一种有芳香气味的透明液体，其主要有效成分是蜂毒肽和酶类。实践证明：蜂毒对治疗风湿性关节炎、神经炎、神经官能症及心血管病等疾病效果明显。

三、助力农民增收致富

养蜂生产是通过合理利用自然资源而获得经济来源的行业，是一项生产投资少、见效快、经济效益高的特色产业。养蜂技术易学易懂。只要蜜源充足、气候适宜，掌握了一定技术的农民都可以选择养蜂业。虽然从事蜂业的农户占总农户的比例不大，但对提高农民收入的效果比较突出，且相对稳定，所以一些地区在农业产业结构调整中把蜂业作为支柱产业，取得了明显的效果。比如北京密云、浙江江山、江西上饶等市（县、区）把蜂业作为农业中一项重要的特色产业，每年都投入大量资金，对养蜂户给予一定的资金补贴，使蜂群数量增长迅速，农民增收也非常明显。

我国许多地方都有很好的养蜂群众基础，加上从事养蜂生产老少皆宜，因此，不少县（市、区）、乡（镇）、村都把养蜂业作为特色扶贫产业。实践表明，养蜂产业是农民脱贫和致富的一条有效途径。要发挥好我国养蜂传统优势和现代养蜂技术优势，做好养蜂产业扶贫与乡村振兴建设衔接工作，为我国乡村振兴建设提供产业支撑。

四、维持生物多样性和保持生态平衡

蜜蜂是大自然生态系统中的一员。植物的开花→蜜蜂授粉→植物结果→食果动物→肉食动物→肉食动物……。从以上食物链可知，若无蜜蜂授粉，就中断了开花到结果这个环节，那么食果动物及肉食动物将会因饥饿而大大减少，甚至面临灭绝的风险。美国生态学家研究发现，许多野生动物是以依赖蜜蜂授粉的植物所结的果实为食。因此，蜜蜂在食物链中起着重要的桥梁作用。比如中蜂对我国山区生态平衡和生物多样性起着非常重要的作用。但值得注意的是，自1896年中国引进西方蜜蜂100多年以来，西方蜜蜂已使我国原来呈优势分布的中蜂受到严重威胁，中蜂分布区域缩小和种群数量减少，使山林植物授粉总量减少，导致生物多样性降低。这一现象已引起许多学者和相关部门的关注。

我国是一个生态十分脆弱的国家，广泛开展的封山育林、退耕还林、水土保持、防沙治沙等工程有深远意义。在这个重大战略实施过程中，如果缺少蜜蜂授粉，显花类植被繁育就会受到影响，进而直接影响工程实施效果。因此，养蜂业是改善环境、维护生态平衡、增强农业可持续发展的重要保证。

五、养蜂可有效控制授粉植物的虫害

宁夏、陕北的农民常给沙枣打药治蚜虫，他们发现由于沙枣开花时有人来放蜂，即使不给沙枣树打药，沙枣树上的蚜虫也很少。究其原因是蚜虫吸取沙枣的养分为食物，为害林木，同时能排泄甘露蜜。在没有人来沙枣林放蜂之前，蚜虫分泌的甘露蜜一直是林中蚂蚁的食物。甘露蜜充足，促使蚂蚁大量繁殖，而蚂蚁又是蚜虫顺利越冬的直接依靠。当有人来放蜂时，由于蜜蜂与蚂蚁争夺食物——甘露蜜，使沙枣林中的众多蚂蚁群因食物短缺而死亡，这样蚜虫就不能顺利越冬，自然翌年沙枣树上的蚜虫就会大幅减少。另据报道，增大放蜂密度，可以减轻或控制狼牙刺和老瓜头的虫害发生。

六、蜜蜂作为生物指示器可助力环境监测

蜜蜂的采集活动可以在离巢4~5km的范围内，有效利用面积可达到50km^2，蜜蜂出去采蜜、采粉和采水等，然后带回蜂巢，在采集过程中不可避免地接触和积累一些污染物，常常被转入蜜蜂和蜂产品中，使得利用蜜蜂及蜂产品来监测环境指标变成可能。

1. 杀虫剂的监测

杀虫剂特别容易污染蜜蜂和花粉，但在蜂蜜中的残留量很少，究其原因可能是蜜蜂本身有"过滤"的功能。因此，蜜蜂及其产品已被广泛用作

监测杀虫剂污染的生物指示剂。

2. 重金属的监测

空气和土壤中含有的重金属主要来自工业生产和交通，这些重金属会污染蜂群及其产品。重金属是在人类和自然各种活动过程中持续释放并在环境中积累起来的，很难降解，并可通过生态循环长期存在于环境中。在蜜蜂的飞翔过程中，空气中的重金属可在其覆盖着绒毛的体表沉积；也可通过采集花粉、花蜜、水分等过程在蜜蜂体内蓄积或由蜜蜂将环境中的重金属带回蜂巢。但相对于蜂产品，蜜蜂本身可能是一种更好的重金属污染生物指示器。

3. 转基因植物的监测

虽然目前对转基因生物的安全性还存在争议，但转基因油菜、转基因玉米和转基因大豆等在国外已有较大范围的种植。利用蜜蜂采集的花蜜或花粉作为材料，使用PCR方法就可以检测作物是否为转基因作物。因此，蜜蜂可以作为转基因作物的一种生物指示器。

七、蜂产品可出口创汇

养蜂生产的蜂产品，一直是我国传统出口创汇产品。据海关统计，2021年我国蜂蜜出口14.59万，出口金额2.60亿美元，出口均价1.78美元/kg；新鲜蜂王浆出口768.89t，出口金额2 080.58万美元，出口均价27.06美元/kg；蜂王浆冻干粉出口244.54t，出口金额2 020.43万美元，出口均价82.62美元/kg；蜂王浆制剂出口340.67t，出口金额320.48万美元，出口均价9.41美元/kg；蜂花粉出口3 010.48t，出口金额1520.31万美元，出口均价5.05美元/kg；蜂蜡出口9 510.67t，出口金额4 442.51万美元，出口均价4.67美元/kg；其他蜂产品（蜂胶类、蜂蛹类、花粉提取物及其他蜂产品制品）出口342.78t，出口金额741.03万美元，出口均价21.62美元/kg。

八、蜜蜂可发展成为理想模式生物

蜜蜂是继果蝇后又一个重要的模式昆虫。虽然工蜂的脑非常小，只有一粒芝麻大小，体积约$1mm^3$，重约1mg，脑中的神经细胞少于100万个，仅相当于人类大脑神经元数量的100万分之一。但工蜂具有卓越的学习记忆能力，是研究社会行为、学习记忆和导航行为的模式生物。此外，蜜蜂也可以成为免疫、过敏、精神疾病和长寿等领域的研究模型。比如蜜蜂长期生活在高温（35℃）、高湿（80%~95%）的蜂巢内，并且个体生活密度很高（相当于面积24m^2住15个成年人），这样的生活环境应该是助长疾病的温床。虽然蜜蜂有不少疾病，但大多数蜂群仍然健康生存并繁衍后代，蜜蜂是如何抵抗疾病的？对蜜蜂这种抗病的机制研究，将有助于保障人类健康；又如还可以利用蜜蜂来研究老化与长寿机制，因为工蜂与蜂王的基因型相同，但由于幼虫期的食物不同，引起基因表达的变化，造成蜂王的寿命比工蜂长数十倍，研究蜂王长寿机制可以帮助人类提高寿命；再如，蜜蜂社会具有发达的通信系统，有明显的社会分工，以及为了群体利益而牺牲自我等许多生物学特性，这些生物学特性大多都是本能行为，因此，用蜜蜂来研究基因与本能的行为关系就容易得多。

专题 2　强群饲养及优质高产技术

中国养蜂业面临机遇及挑战，既有机遇，也有挑战。机遇包括国家重视农业建设与生态问题、人民健康保健需要优质蜂产品等方面；挑战包括劳动力成本增加、养蜂者老龄化、品种单一化、国际竞争激烈、消费者对产品要求更高等方面。

强群饲养及优质高产技术是蜂业生产的关键技术。本专题主要介绍国家蜂产业技术体系西方蜜蜂饲养技术岗位与对接的武汉/金华/南昌/拉萨综合试验站联合制订的《西方蜜蜂强群快速培育和维持关键技术要点》《西方蜜蜂采蜜强群组织及优质高产技术要点》和《高品质蜂王浆生产技术要点》3个技术方案。

一、西方蜜蜂强群快速培育和维持关键技术要点

为了实施国家蜂产业技术体系"十四五"重点任务"蜜蜂高效饲养与优质蜂产品生产技术研究与示范"，西方蜜蜂饲养技术岗位专家与对接的武汉/金华/南昌/拉萨综合试验站联合制订本技术方案。

(一) 蜂群春繁技术要点

1. 确定蜂群繁殖方案

根据开繁时间和越冬蜂群势，量蜂定脾，保持蜂多于脾。若双王群势超过6足框，采用六脾双王开繁（即每个繁殖区有3张脾蜂）；若双王群势超过4足框，采用双王四脾开繁（即每个繁殖区有2张脾蜂）；若双王群势在4足框以下，采用双王双脾繁殖（即每个繁殖区有1张脾蜂）。繁殖时间越早，加脾数量越少，减少寒潮对幼虫健康的影响。

2. 确定蜂群开始繁殖时间

蜂群开始繁殖的时间，因地方不同而有差异，比如福建、广东等地蜂群开始繁殖时间为元旦前后；江西、湖北、浙江、安徽、湖南等地开始繁殖时间为1月上旬。西藏山南定地饲养开始繁殖时间为3月中旬，小转地到林芝开始繁殖时间为2月中下旬。确定蜂群开始繁殖时间总原则是：在当地最早蜜粉源开花前30~40d为宜。

3. 对蜂群进行彻底治螨

春繁放王之前，巢内已无子脾是治螨的最佳时机。一定要彻底治螨，这也是全年蜂群高产的关键。要选择晴好天气，用水剂治螨药喷治蜂螨2~3次，每次间隔1~2d（注：由于越冬工蜂的腹部缩小，蜂螨容易藏在工蜂腹节中，喷药很难喷到，因此在喷水剂治螨药前，要给蜂群进行饲喂，让工蜂腹部增大，这样寄生蜂螨才会暴露在外，从而达到最好的喷药治螨效果）。

小蜂螨严重的蜂群也可用升华硫+双甲脒（或甲酸、香粉）类螨药配制成粉撒蜂路。

4. 春繁蜂群布置

春繁用脾要求巢脾整齐，无论是大蜜粉脾还是小蜜粉脾，巢脾宽度要与巢框上框宽度一致。单脾繁殖的蜂群留一张以粉为主的蜜粉脾，双脾或三脾繁殖的蜂群放置一张大蜜粉脾和一张空脾，并根据蜂群群势决定加脾速度。前期加脾宜缓不宜急，这样繁殖出的工蜂寿命长，有些越冬工蜂还能参加采集最早的主要蜜粉源。

5. 春繁蜂群保温处理

由于春繁阶段蜂多于脾，蜂群本身具有一定调节蜂群内温湿度的能力。除了北方特别寒冷的地区外，其他地区可以不做保温或仅做箱外保温、不做箱内保温。

6. 春繁蜂群管理

春繁放王时，蜂群很容易发生围王，3~5d一定要检查，发生失王要迅速补上，若无王可补，应及时合并蜂群。天气晴好进行奖励饲喂，缺少糖饲料的蜂群就用大蜜脾换出空脾；对缺粉的蜂群，可用1:1蜂花粉加黄豆粉，并加一些白糖和蜂蜜，做成粉饼喂蜂；或用代用粉喂蜂。

7. 扩大蜂巢

当外界温度逐渐升高、蜜源植物相继开花时，幼蜂陆续出房，蜂群的群势就逐渐增强。对于这时的蜂群，应着手扩大蜂巢，增强群势，准备投入生产。扩大蜂巢时，应视情况酌加空脾。

(二) 强群维持技术要点

蜂群经过1~2个月春繁，基本上都达到了强群的标准，这时蜂群有很强的分蜂热。为了维持强群，可以综合使用以下措施。

1. 选育优良蜂王

蜂王是蜂群的中心，蜂王质量好坏直接关系蜂群群势强弱和产量高低。选择的蜂王产卵力强，能维持强群，采集积极、抗病力强的蜂群进行育王。先限制蜂王在蜜脾或子脾上2~3d，然后按照复式移虫方法进行人工育王，幼虫尽量选用12h内的小幼虫。有条件的蜂场推荐采用免移虫育王器进行移卵育王。蜂王每年更换1~2次。

2. 控制蜂群分蜂热

可以通过扩大蜂箱内的空间和产卵空间降低分蜂热；将有强烈分蜂热蜂群或产卵力弱蜂群中的蜂王抓走，清除群内王台，6d后诱入1个成熟王台，并视生产情况和蜂螨为害情况进行断子治螨。在强群中，每群在巢脾中间挂2条强蜂素片（即巢箱和继箱中各挂1条强蜂素片）来抑制分蜂热，维持蜂群强群。

3. 控制较低的蜂螨寄生率

定期查看蜂群内蜂螨寄生率，发现蜂螨为害后立即进行治螨，用杀螨水剂喷脾一次，然后再用甲酸+升华硫+滑石粉配成粉剂治一次（甲酸2mL+升华硫60g+滑石粉40g）。同时，用升华硫抹封盖子脾1~2次防治小蜂螨。有条件的蜂场可以利用蜂螨喜欢在雄蜂房繁殖特性，定期加入雄蜂脾生产雄蜂蛹，对防治大蜂螨和分蜂热有很好效果。

定地蜂场建议在夏季断子期或无蜜源期（一般7—8月）进行断子治螨，转地蜂场建议结合换王进行断子治螨。

4. 适时补喂粉

若外界缺粉，导致蜂群内缺粉，要及时给蜂群补喂花粉，花粉和白糖蜂蜜做成粉饼，同时添加不超过50%的纯黄豆粉（细度要达到200目），具体做法是：花粉和白糖各 1 份，再加适量的蜂蜜，拌成粉饼，放置 2~3d 就能喂蜂。

（三）越冬蜂繁殖及蜂群越冬技术要点

越冬工蜂质量好坏和群势强弱直接决定翌年蜂群产量。蜂群能不能安全越冬，关键在于越冬蜂的健康状况和越冬饲料质量的好坏。具体来说，要做好以下几项工作。

1. 蜂群换王治螨

要在越冬关王前 2~3 个月统一全场换王，并利用无封盖子期彻底治螨。首先将蜂群中 2 只产卵王拿走 6~7d，若是没有生产王浆的蜂群介入 3 个成熟王台，在巢箱两区各 1 个成熟王台、1 个继箱，继箱开后门同时交尾。新王交尾成功后全部组成双王群。巢箱区蜂王交尾不成功的可以用继箱蜂王补上；若是正在生产王浆的蜂群则仅在巢箱两区各安 1 个成熟王台。巢箱中处女蜂王出房 6d 后检查，发现有失王时，迅速用继箱的处女蜂王补上，或挑选上半年的蜂王补上。待蜂群中封盖子出干净后，用杀螨水剂喷脾一次，然后再用甲酸+升华硫+滑石粉配成粉剂治一次（甲酸 2mL+升华硫 60g+滑石粉 40g）。

对有优质蜂王的蜂群，不需要换新王，但同样也要断子治螨。扣（关）王断子后，同样利用没有封盖子脾的时期，用杀螨水剂喷脾一次，然后再用甲酸+升华硫+滑石粉配成粉剂治一次（甲酸 2mL+升华硫 60g+滑石粉 40g）。

2. 准备优质的越冬饲料

在最后一个花期备好越冬蜜脾，将蜜脾修理成宽度和上框梁一致蜜粉脾，缩小蜂路放在继箱上让它封盖，供越冬专用。若最后一个花期歉收，也要用优质白糖将越冬蜜脾喂足，让老蜂加工越冬饲料。

3. 越冬蜂培育

11 月中下旬开始越冬关王，羽化出房工蜂，没有参加过采集活动或加工越冬饲料的，属于优良的越冬蜂。

二、西方蜜蜂采蜜强群组织及优质高产技术要点

为了实施国家蜂产业技术体系"十四五"重点任务"蜜蜂高效饲养与

优质蜂产品生产技术研究与示范",西方蜜蜂饲养技术岗位专家与对接的武汉/金华/南昌/拉萨综合试验站联合制订本技术方案。

（一）采蜜强群定义

强群是蜂产品优质高产基础。我国著名养蜂专家马德风先生早在1989年撰文指出：蜂蜜是天然食品之一，提高蜂蜜质量不能只靠加工，应从养蜂生产入手。提高养蜂技术水平，饲养强群才能优质高产，开创我国养蜂业的新局面。

什么是采蜜强群？目前没有专门的定义，但这个定义对制订《西方蜜蜂采蜜强群组织及优质高产技术要点术》有重要的指导意义。我们在广泛调研的基础上，给出西方蜜蜂采蜜强群条件是：①至少是3个标准箱体饲养；②群势至少达到18足框，群内工蜂数量至少有6万只；③群内适龄采集工蜂至少有4万只。

采蜜强群至少有以下方面生物学意义：①巢内环境因素稳定，群内恒温对蜂儿和幼蜂健康发育有保证；②强群具有很强清理能力，抗病能力比较强；③相对弱群，强群里的内勤工蜂占比少，有更多工蜂参与采集工作，采集效率高；④当巢内有大量进蜜时，强群能快速降低巢内湿度，这有利于花蜜水分蒸发。

（二）采蜜强群组织技术要点

强群组织方法根据饲养方式不同可分为自然繁殖成为强群、笼蜂补充扶壮成为强群以及人工合并蜂群成为强群等。本方案要叙述的是如何利用蜂场现有蜂群，如何快速组织达到采蜜强群要求。

1. 培育适龄采集工蜂

一般在主要流蜜期开始前45d左右，到主要流蜜期结束前约30d，通过新王产卵，或奖励饲喂来培育足够量的适龄采集蜂。

2. 人工合并蜂群成为采蜜强群

将未达到采蜜强群标准要求的蜂群合并成采蜜强群。在流蜜期前，采用间接合并方法将相对较弱蜂群合并成采蜜强群投入生产；也可在外界流蜜后，采用直接合并蜂群成采蜜强群。

3. 双王群处理

若双王繁殖的蜂群，巢继箱群势达到18足框以上时，可在主要流蜜期到来之时，用王笼关住1只质量较差蜂王，并抽去隔王板，加1个继箱，直接形成单王采蜜强群。

4. 繁殖场地与采蜜场地不同

蜜蜂繁殖场地与蜜蜂采蜜场地不同时，在流蜜初期，将蜜蜂从繁殖场地转移到采蜜场地，再进行采蜜强群的组织。

5. 巢箱中巢脾数量

巢箱保持5张巢脾，根据蜂群情况每个继箱保持6~8张巢脾。

(三) 强群优质高产技术要点

当采蜜强群组织成功后，要注意以下几个技术要点。

(1) 防分蜂热，在采蜜强群的每个箱体巢脾中间挂1条强蜂素片，来抑制强群分蜂热，维持蜂群强群。

(2) 加强通风，防闷热，加强继箱通风散热；抽出老熟子脾；加1个装有空巢脾的继箱。

(3) 若已扣王，可以抽去巢箱与继箱之间的平面隔王板。

(4) 进入大流蜜期，全开放巢箱的巢门。为了防止采集工蜂在巢箱的巢门拥挤，提高采集效率，每个继箱增开1个巢门。

(5) 流蜜期结束后，若蜂群在1个月内不转地，封盖蜜脾留在继箱中继续进行后成熟；若蜂场马上要转地，可以取出继箱中封盖蜜脾，集中放入干燥密闭房中进行除湿处理，继续蒸发封盖蜜脾中的水分。

三、高品质蜂王浆生产技术要点

为了实施国家蜂产业技术体系"十四五"重点任务"蜜蜂高效饲养与优质蜂产品生产技术研究与示范"，西方蜜蜂饲养技术岗位专家与对接的武汉/金华/南昌/拉萨综合试验站联合制订本技术方案。

蜂王浆是青年工蜂咽下腺和上颚腺分泌的一种乳白色或淡黄色浆状物质，用来饲喂蜂王和幼虫的一种高营养食物，蜂王浆又称为蜂皇浆或蜂乳。我国是世界第一大蜂王浆生产国，也是蜂王浆消费量和出口量第一大国。随着人们生活水平不断提高，消费者对蜂王浆的质量要求也越来越高，高品质蜂王浆生产是新时代养蜂生产的要求。

什么是高品质蜂王浆？目前没有专门的定义，但这个定义对制订《高品质蜂王浆生产技术》有重要的指导意义。我们在广泛调研基础上，给出高品质蜂王浆的要求是：生产的天然蜂王浆要在 1h 内进行冷冻贮存，同时蜂王浆中含 10-羟基-2-癸烯酸（10-HDA，也简称为王浆酸）大于 1.8%。

如何生产高品质蜂王浆，许多养蜂者和公司进行了有益的探索。本技术方案集成了国内相关领域成果，形成《高品质蜂王浆生产技术要点》示范和推广使用。

（一）蜂种选择

建议选用意大利蜜蜂（指原意、美意、澳意）或中国农业科学院蜜蜂研究所选育的"中蜜 1 号（蜂王为黄色）"、吉林省养蜂科学研究所选育的"黄环系蜜浆高产型蜜蜂""松丹 2 号配套系蜜蜂"以及浙江浆蜂血统为主的杂交种。若选择使用高产的"浆蜂"，则要适当控制每群每次蜂王浆产量。

（二）蜂群饲养

1. 饲养强群

强群是高品质蜂王浆生产的基础。蜂群群势强弱不但直接影响蜂王浆产量，而且会影响蜂王浆中 10-HDA 含量。生产试验表明：蜂群群势强弱也是影响蜂王浆中 10-HDA 含量的一个重要条件。即使纯蜜王的蜂群，若群势太弱也不可能生产出高品质蜂王浆；12 张足框蜂以上的强群，才能生产出高品质蜂王浆。强群也不宜子脾过多（单王 5~6 张子脾，双王 6~7 张子脾），子脾多容易造成哺育幼虫负担重，从而影响蜂王浆产量和质量。另外每群在巢脾中间挂 2 条强蜂素片（即巢箱和继箱中各挂 1 条强蜂素片）来抑制分蜂热，维持蜂群强群。

2. 外界蜜粉源充足

外界充足蜜粉源不但可以刺激蜂王产卵、工蜂哺育和采集，同时有助于工蜂咽下腺和上颚腺发育，从而直接影响 10-HDA 合成与分泌。生产试验表明：只有当外界有天然充足蜜粉源时，才能生产出高品质蜂王浆。若蜂群长期依靠饲喂白糖和花粉替代品来生产蜂王浆，这种蜂王浆很难达到高品质蜂王浆要求。

3. 蜂群健康

蜂群健康无病也是生产高品质蜂王浆的基本要求。蜜蜂疾病是影响养蜂生产的重要原因，一方面蜜蜂疾病可造成蜂群群势衰弱，甚至全群死亡，严重影响蜂产品产量和质量；另一方面由于采用不合理的药物治疗方法，会引起蜂产品污染或药物残留。定期对蜂群做全面检查，清除箱底死蜂、蜡渣、霉变物，保持箱内清洁。若蜂群发生疾病，要严格按中华人民共和国农业行业标准（NY/T 5030—2016《无公害食品 兽药使用规范》）用药。特别要提醒的是：等蜂群用药完成2~3周后，提出所有用药巢脾和消除群内糖饲料，避免生产的蜂王浆出现药物残留，及时补充蜜粉饲料，才能恢复高品质蜂王浆生产。

(三) 蜂王浆生产和贮存

1. 蜂场环境及蜂机具的卫生消毒

蜂场中养蜂人员要健康，必须有健康证才能上岗工作。蜂场四周要保持清洁、卫生和干燥。定地或野外生产蜂王浆都要有专用房间或帐篷，每次生产蜂王浆前后都要用浓度为75%的医用乙醇对操作环境消毒。在操作中，工作人员应穿工作服、戴帽子、戴口罩和一次性手套。产浆框、移虫针、免移虫产卵器、取浆笔或蜂王浆收集器等，每次都要用浓度75%医用乙醇消毒。盛装蜂王浆的容器，用水洗净控干，并用75%医用乙醇或者用紫外线灯对容器内外进行消毒，用医用乙醇消毒需风干后方可使用。

2. 控制生产蜂王浆的浆条数量

蜂群生产的蜂王浆中10-HDA含量与生产蜂群中浆条数量成反比。一般来说，浆条越多，蜂王浆产量则越高，但蜂王浆中10-HDA含量则越低。因此，控制好浆条数量也是生产高品质蜂王浆的关键。在蜂王浆高产蜂群中，通过减少浆条数量（一般情况下，强群放双排王浆台条最多不超过2条，单排条不超过5条），确保10-HDA含量在1.8%以上。

3. 蜂王浆贮存

蜂王浆在常温下极不稳定，容易变质。蜂王浆有"六怕"，即怕热、怕光、怕空气、怕酸碱、怕金属、怕细菌。因此，生产出来的新鲜蜂王浆，要在1h内密封并放入-18℃以下冰柜或冰箱内冷冻贮存。

专题 3 蜜蜂授粉效果及思考

蜜蜂作为异花传粉的主要媒介，通过为果树、油料、牧草等授粉，能有效地提高果实和种子的产量与品质，蜜蜂授粉已成为促进农业生产的一项有力措施，受到了世界各国的重视。

一、蜜蜂与植物协同进化

蜜蜂和植物协同进化的历史约有 100 万年，在这漫长的协同进化过程中，蜜蜂与植物之间形成了一系列相互适应的行为。这种相互适应的行为甚至演化为相互依存的关系。

（一） 植物对蜜蜂的适应

植物为了使蜜蜂为之传粉，形成了以下适应性反应。

1. 植物花的颜色和气味

自然界中常见的传粉生物包括昆虫、鸟类及一些哺乳动物等。这些传粉者，若其生态位完全相同，则在自然的竞争中，体小的昆虫类肯定早已被体大竞争性强的鸟类所淘汰。然而事实并非如此，究其原因，显然主要是由于它们生态位的差异，这种差异似乎受植物所控制，但其实是不同植物对授粉动物的适应性反应的差异。如在长期的进化中，有部分植物在夜间开花流蜜，就会使蛾类在生态位上与其他的授粉动物发生差异。蛾类在晚上活动，去采集夜间开花植物所分泌的花蜜，至此，蛾类从授粉动物之间激烈的竞争中分离出来。那么，白天活动的鸟类与蜂类之间的竞争又是如何解决呢？研究表明：部分植物开花的颜色是非常鲜艳的红色，并且没有任何气味，这正好符合对红色特别敏感而嗅觉不灵的蜂鸟。然而大部分被子植物所开的花并不鲜艳，却能散发出各种各样的味道。2006 年西方蜜蜂基因组测序结果显示，在西方蜜蜂基因组中存在约165个气味受体基因，是果蝇和按蚊的两倍，表明蜜蜂拥有极其敏锐的嗅觉，能根据植物花的气味寻找到授粉对象。而大部分植物开花的颜色与气味恰是适应了蜜蜂传粉的特点。

2. 植物花蜜的组分

花蜜的主要成分是蔗糖、葡萄糖和果糖，作用是供应能量。但据Baker报道：花蜜中也含有少量的氨基酸，他调查了加利福尼亚州的226种显花植物，并分析了它们的花蜜中组氨酸含量，发现专一性由蝇类授粉的植物花分泌的花蜜中组氨酸水平最高，为9.25μg/g；蝶类次之，为6.68μg/g；鸟媒、蜂媒较少，分别为5.22μg/g和4.76μg/g。结果说明，一种动物要生存，除了要获得能量物质——糖类外，还必须以其他方式去获得蛋白质。蝇类、蝶类由于以其他方式获得蛋白质的能力弱，对花蜜中的氨基酸的依赖性强，因此，所采集花蜜中氨基酸的含量高；而蜂鸟可以通过取食其他的昆虫来获得蛋白质，故所采花蜜中的氨基酸含量较低；蜜蜂与其他授粉生物的不同在于它不仅将花蜜作为食物，而且还包括花粉。花粉中含有大量的氨基酸，使蜜蜂对花蜜中的氨基酸依赖性很小，所以花蜜中的氨基酸含量最低。从以上可以看出，植物分泌花蜜组成也是与各种授粉动物相互适应的。不同植物花蜜的成分特别是氨基酸的含量在一定程度上决定了授粉动物的种类。

3. 植物流蜜的多少

各种植物流蜜量的大小也是植物对授粉动物的适应性反应。一只100mg的熊蜂在花上爬行时每分钟消耗约0.33J的热量，可是一只3 000mg的蜂鸟在爬行时每分钟消耗46.1J的热量，相当于熊蜂的140倍。因此，由蜂鸟所授粉的植物必须要分泌足够量的花蜜，来补充多消耗的能量，否则蜂鸟决不会光顾这种植物。小型授粉者适宜植物，流蜜量可以少一些，因为小型的授粉动物（如蜜蜂）在采集时，能量消耗较少。这样由小型动物授粉的植物就通过流蜜的数量来限制许多大型动物为这种植物授粉。然而是否小型的传粉动物可以随意地去采集流蜜大的植物呢？答案是否定的。事实上，某些流蜜量较大的植物（如唇形科、茄科）会进化发展出一种加长了的筒状花冠，导致只有体型较大的授粉动物才能采集到花蜜。

若在同一地区，流蜜量不同的几种植物同时流蜜，那么蜜蜂只会采集那些流蜜大且符合蜜蜂营养要求的植物，流蜜量小的植物将会被遗忘。为了避免这种竞争，植物可以通过以下几种方式来解决这个难题。在同一季节里，每种植物的流蜜期错开；如果几种植物在同一天、同一地区同时流蜜，各种植物流蜜时间也可以错开，比如，一种在早上进行大流蜜，另一种在下午进行大流蜜；在同一天内，几种植物同时开花，可以一种是蜜源，另一种是粉源，这是一种营养互补现象。

4. 植物开花习性

蜜蜂作为一种变温动物，温度对蜜蜂新陈代谢影响非常大。在较低的温度时，蜜蜂必须消耗较多的花蜜来产生热量。因此在较低的温度下，授粉的植物开花流蜜要提供更多的热量报酬——花蜜。其途径要么是这些植物生长开花时间较集中；要么是植物开的花必须挤在一起。只有这两种方式才能补充蜜蜂在低温下多消耗的能量物质。

以上所需要的两种方式，在自然界也是常见的。如在早春时，在同一地区，植物开花多数呈一大丛一大丛或许多种植物同时开花，因此人们常用百花盛开来形容春天。又如，在越靠近北方的地区，植物开花越集中，且流蜜量大，在寒冷的草原地区常可以看到百花齐放的景色。这些巧妙适应的结果，都是植物在协同进化过程中对授粉动物的适应性反应。

5. 植物对异花授粉的适应

植物为了适应环境，生理特性不断进化。自然界的种种事实证明，异花授粉所产生的后代，具有更强的生活力。因此，大多数显花植物都具有无法自花授粉的适应性，它们必须杂交授粉才能产生更强的后代。植物的这种无法自花授粉的适应性，通常表现在雌雄异株、雌雄异花和自花不孕3个方面。而对异花授粉适应性的植物，绝大部分靠虫媒授粉。如果缺少授粉昆虫，则无法正常受精结实。这也是在长期进化过程中，植物对授粉昆虫的适应。

(二) 蜜蜂对植物的适应

蜜蜂对植物的适应主要表现在以下两个方面。

1. 蜜蜂形态结构的特殊性

蜜蜂周身长满了羽状绒毛，这既有利于蜜蜂收集花粉，又有利于为植物授粉；蜜蜂的口器是属于有长吻的嚼吸式口器，且上颚发达，这种口器结构有利于吸取植物深花管内的花蜜；蜜蜂的后足最发达，且在后足的胫节近端部较宽大，外侧的中间凹陷，此凹入部分的外周由许多又长又硬的毛所包围，形成花粉筐，用来填埋、装运花粉；蜜蜂工蜂的前胃特化为蜜囊，可临时储存花蜜，这是其他昆虫不具备的。以上这些形态结构特点，都是蜜蜂适应植物的反应。

2. 蜜蜂采集专一性

据 Grant 的调查统计显示，蜜蜂采集专一性可达 99%。这说明蜜蜂能保持在同一种植物上进行采集活动。另据报道，西方蜜蜂喜欢在 $10\sim20m^2$ 的小范围内采集，并且在较长一段时间内集中地固定采集特定的品种，同时具有驱逐其他蜜蜂进入此区域内采集的特性，这样必然大大提高植物异花授粉的效率。

二、蜜蜂授粉的必要性与优越性

（一）蜜蜂授粉的必要性

（1）大量开垦荒地荒坡，使大量野生的授粉昆虫栖息地遭到破坏，进而造成野生授粉昆虫数量大为减少。

（2）大量使用杀虫剂和除草剂，使大量野生授粉昆虫死亡。

（3）农业机械化，土地大面积平整，在同一季节往往大面积栽培单一作物，花期较短暂，使野生授粉昆虫的生存繁殖得不到持续的饲料供给。

（4）现代温室大棚的发展，造成大棚内缺乏授粉昆虫，生物授粉显得越来越重要。

（二）蜜蜂授粉的优越性

和其他授粉昆虫相比，蜜蜂授粉有以下优越性。

1. 蜜蜂授粉的高效性

蜜蜂体上长满了绒毛，有的绒毛呈羽状分支，容易黏附花粉。据估算，一只蜜蜂每次采集的花粉多达 500 万粒。尽管蜜蜂回巢后会认真梳刷，但由于周身绒毛的黏附作用，每只采粉蜂身上仍可剩下 1 万~2.5 万粒花粉，远远超过其他昆虫。只要它从一朵花飞到另一朵花上去采集，便可很快地完成授粉。

2. 蜜蜂采集的专一性

在一定的时间内，蜜蜂的采集工作会自动固定在一定区域内的同一种植物上，直到这种植物花期结束，才转入其他区域内的植物上进行采集。同时在一段时间内，一群蜜蜂中绝大多数个体具有采集相同植物花的特性。正是这种采集的专一性，使植物有充分的授粉机会，从而保持最佳的授粉效果。

3. 蜜蜂授粉效果的显著性

国内外许多试验证明，蜜蜂授粉的效果好，不但增加坐果率，而且提高了果实质量（如甜度），也能提高每粒果实的绝对重量，甚至能提高下一代种子的发芽力和成活力。

4. 蜜蜂种群的社会性

蜜蜂是社会性昆虫，种群内严密的分工使蜜蜂对授粉的作用，也是其他昆虫无法比拟的。当侦察蜂发现蜜源后，迅速通过舞蹈将信息传递给自己的同伴，采集蜂出巢进行采集。这样有利于植物的授粉。

另外，由于蜜蜂的群居性，除了工蜂有临时储存花蜜用的蜜囊和装载花粉归巢的花粉筐之外，蜂巢内还贮存着花粉和花蜜，以便应对环境的恶劣变化，这是其他昆虫很少具有的优越性。并且由于巢内贮存蜂粮可达近50kg，这样就可促进蜜蜂长期不厌其烦地进行采集工作，不断为植物授粉。据分析蜜蜂酿造1kg蜂蜜，要飞行5万~6万次。而一群蜜蜂每年生产的蜂蜜在100kg以上，其访花的数量是极其惊人的。

5. 蜜蜂的可转运性

由于蜜蜂是社会性昆虫，也是极少能被人工饲养的几种经济昆虫之一。现代养蜂方法可以使人们根据自己的授粉需要安全地将蜜蜂运到任何需要授粉的地方去。

6. 蜜蜂的可训练性

为了加强蜜蜂对某种植物的授粉作用，可以利用条件反射原理，在这种植物开花时，用糖浆浸泡这种植物的花，然后饲喂蜜蜂，反复多次，就可诱导蜜蜂对这种植物进行授粉，这对于流蜜量低、花器与气味处于劣势的植物非常有利。

7. 蜜蜂的授粉范围广

适合于蜜蜂授粉的植物非常多，绝大部分的虫媒植物蜜蜂都可以授粉，甚至如水稻这样的风媒植物蜜蜂也可以授粉，并且能提高水稻的产量。

三、国内外利用蜜蜂授粉概况

蜜蜂授粉被发达国家称为"农业之翼"和"园艺栽培史上的一场革命"，西方国家利用蜜蜂为农作物授粉取得了明显的经济效益、社会效益和生态效益。特别是2006年美国及部分西方国家大规模暴发蜂群崩溃失调症后，对蜜蜂及蜜蜂授粉的重要性有了更深刻的认识和重视。相比而言我国利用蜜蜂为农作物授粉起步较晚，农民对这个问题的认识不够，但在国家的大力提倡下，我国蜜蜂授粉工作已显示出广阔的潜力。

（一）国外利用蜜蜂授粉情况

美国对蜜蜂授粉最为重视，租用蜜蜂授粉已成为农业稳产高产的主要手段。蜜蜂授粉工作得到迅猛的发展，已形成专业化和产业化，养蜂者已将授粉收入作为养蜂的主要收入来源。美国农业部发表的农业普查显示，全美2002年共进行17 000次授粉服务，累计涉及2 400万群蜂，其中有200万群来自转地蜂场。近年来蜜蜂授粉费用逐年提高，如加利福尼亚州杏树授粉的价格已从20世纪90年代末的每群蜂35美元涨到2005年的每群蜂75美元。而近年来为杏树授粉的费用更高，达到每群蜂150美元以上。美国蜜蜂授粉所带来的经济价值超过150亿美元（Morse，2000）。欧盟拥有蜜蜂650万群，主要依赖于昆虫授粉作物的年产值为650亿欧元，受益于昆虫授粉的增产价值为50亿欧元，其中蜜蜂授粉占85%，增产价值为42.5亿欧元。法国约有20万群蜜蜂给农作物授粉，蜜蜂授粉每年可增加相当可观的产值；意大利果农租用蜜蜂为果树授粉十分普遍。日本也十分重视蜜蜂授粉，早在1955年颁布的《日本振兴养蜂法》就明确指出利用蜜蜂为农作物授粉，提高农作物产量，增加农业收入。目前，日本每年约有10万群蜜蜂用于授粉，几乎占其全国蜜蜂数的一半。在日本应用蜜蜂授粉技术的作物很多，特别是在草莓授粉方面取得了十分显著的效果，他们在300m^2温室大棚中放置一群蜜蜂，产量提高10倍。2008年韩国水果和蔬菜的年产值为120亿美元，其中58亿美元来源于蜜蜂授粉，占水果和蔬菜年产值的

48.30%。Gallai 等研究显示，东亚地区的蜜蜂授粉贡献值占农产品总产值的 12.31%。其中苹果蜜蜂授粉的经济价值最高，为 631.08 亿元，占 36 种作物蜜蜂授粉总价值的 20.74%，其次是棉花、梨和西瓜，其蜜蜂授粉价值分别为 458.36 亿元、361.12 亿元和 223.12 亿元。俄罗斯曾经是国际养蜂第一大国，拥有数量最多的蜂群，它同时也是世界上授粉发达的国家之一。许多农场还专门建立自己的养蜂场为自己农场的农作物进行授粉，此外还出租蜜蜂给其他农场授粉。据俄罗斯专家估计，每年可以使农产品收入增加约 20 亿卢布。

（二）国内利用蜜蜂授粉情况

早在 20 世纪 50 年代初，辽宁省大连市华侨农场就饲养蜜蜂为苹果树授粉，取得了可观的经济效益。1960 年朱德委员长亲临中国农业科学院蜜蜂研究所视察，并题词"蜜蜂是一宝，加强科学研究和普及养蜂，可以大大增加农作物的产量和获得多种收益"。在朱德委员长题词的鼓舞下，我国的养蜂科技工作者开展了蜜蜂为油菜、向日葵、果树等授粉的工作，取得了显著的成就。21 世纪初，农业部对蜜蜂授粉工作十分重视，农业部蜂产业技术体系建设专门将蜜蜂授粉的研究作为体系重点攻关课题，农业部科教司 2011 年设立公益性行业专项"蜜蜂授粉增产技术集成与示范"，2014 年在安徽等省、市建立 20 个示范基地，启动蜜蜂授粉与绿色植保增产技术集成与应用示范工作，为促进我国蜜蜂授粉工作发展提供了政策支持。

从 20 世纪 90 年代开始，蜜蜂授粉作为一项农产品增产的措施，相继在山东、河北、江苏、福建、浙江等省的某些果树和草莓上推广应用。果农们通过生产实践相比较，改变了以前错误的认识，感受到蜜蜂授粉的优势，许多果农从驱逐、刁难养蜂者到补贴运费，支付授粉费用，并且许诺在开花期间不打农药，保证蜜蜂的安全。在江苏省宜兴市，当地中蜂饲养者在冬季甚至将饲养一年的中蜂以每群 250 元卖给大棚草莓种植者，除了获得蜂产品直接收益外，还获得了更多的经济效益，开拓出中蜂养殖新思路。

熊蜂作为另一种授粉能力强的野生蜂种，在欧美国家广泛应用。在国内多个科研院所专家的不懈努力下，针对熊蜂饲养繁殖及应用技术取得了突破性进展，探讨出一系列实用的熊蜂养殖技术，并成立了专业熊蜂授粉公司，实现熊蜂授粉的专业化与产业化，熊蜂为设施农作物授粉在我国已得到了广泛应用。

我国先后开展了利用蜜蜂为油菜、向日葵及苹果等植物授粉工作，取得了明显的社会效益和经济效益。通过对中国36种主要依靠蜜蜂授粉农作物的平均总产值进行分析，结果表明，蜜蜂授粉对中国农业生产的经济价值为3 042.20亿元，占36种作物总产值的36.25%，相当于全国农业总产值的12.30%，是养蜂业总产值的76倍。

蜜蜂为油菜授粉的增产效果：蜜蜂授粉区油菜籽产量比自然授粉区和无蜂授粉区分别提高40.16%和114.98%，实际亩产油量比自然授粉区和无蜂授粉区分别高7.59%和25.12%，并且蜜蜂授粉区的千粒重、发芽率、柱头上的花粉含量、花粉活力、花粉管萌发数量、子房中RNA的含量都极显著或显著高于自然授粉区和无蜂授粉区；蜜蜂授粉区油菜籽畸形率极显著低于自然授粉区和无蜂授粉区。

蜜蜂为莲花授粉的增产效果：自然放蜂授粉比无蜂授粉可提升40%以上的结实率，蜜蜂强制授粉可提升50%以上的结实率。网棚内强制蜜蜂授粉使白莲增产达到23.83%；中蜂与意蜂的增产效果无明显差异。

蜜蜂为井冈蜜柚授粉的增产效果：通过蜜蜂授粉的井冈蜜柚枝条人工疏果后坐果率在24%，未进行蜜蜂授粉的枝条人工疏果后坐果率为16%；在果重、果实横径、果肉纵径、果肉横径、果皮重、果肉重等方面授粉组均高于未授粉组，在果实纵径、果皮厚度方面授粉组低于未授粉组；通过蜜蜂授粉能有效提高井冈蜜柚株产柚果数量，授粉比不授粉增产10.2%。

虽然蜜蜂授粉作为一项重要的农业增产技术得到充分的政策支持，但一些种植者还不清楚蜜蜂授粉增产基本道理。我国有800多万群蜜蜂，但绝大部分蜂场仍以获得蜂产品作为他们收入的来源，专业授粉的蜂场极少，所以要及时推广蜜蜂授粉技术，一要加快蜜蜂授粉科普知识的普及宣传工作；二是加强组织蜜蜂授粉推广示范工作；三要尽快成立专门的蜜蜂授粉中介服务机构。相信随着各项措施的不断完善和科研工作的投入，蜜蜂授粉技术必然在服务"三农"工作中发挥更大的作用。

专题 4　蜂螨及其防治

蜂螨是以蜜蜂为宿主的一类螨虫，以蜜蜂淋巴液和肥大细胞为食。狄斯瓦螨（以下简称瓦螨，拉丁名：*Varroa destructor*）和雅氏瓦螨（拉丁名：*Varroa jacobsoni*）寄生在成年蜂、蛹和幼虫体表；亮热力螨（拉丁名：*Tropilaelaps clareae*），柯氏热力螨（拉丁名：*Tropilaelaps koenigerum*）和梅氏热力螨（拉丁名：*Tropilaelaps mercedesae*）寄生在蛹和幼虫体表；气管螨（拉丁名：*Acarapis woodi*）则寄生在成年蜜蜂呼吸系统内。在这些蜂螨中，狄斯瓦螨为害最大（图4-1）。在西方蜜蜂中，狄斯瓦螨感染率接近100%，如果不进行除螨处理，蜂螨会在2年内瓦解蜂群。

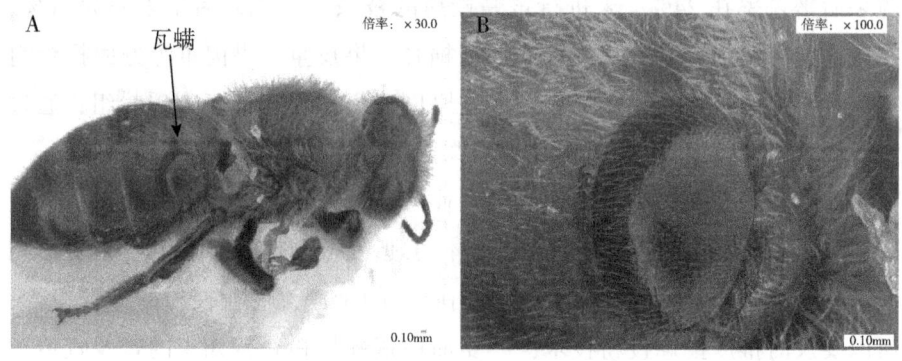

图4-1　由瓦螨寄生导致死亡的蜜蜂个体（A：30×；B：100×）

一、瓦螨的生物学特性及其繁殖周期

瓦螨属于节肢动物门蛛形纲中气门螨目瓦螨科瓦螨属，起源于亚洲，寄生于东方蜜蜂（拉丁名：*Apis cerana*）。经过长期的协同进化，瓦螨与东方蜜蜂之间已经达到平衡的寄生虫与宿主的关系。瓦螨可以在东方蜜蜂群内繁殖，但是数量很小，对东方蜜蜂危害极低。由于西方蜜蜂引入亚洲，东方蜜蜂和西方蜜蜂栖息地高度重叠，瓦螨很快传入西方蜜蜂，并且迅速向全球扩散。对于西方蜜蜂而言，瓦螨是新寄生虫，西方蜜蜂无法控制其在群内的繁殖数量，因而表现出很高的毒力，已经成为导致蜂群死亡的首要因素。

成年的瓦螨生活史与蜂群密切相关，可分为体外寄生和巢内繁殖两个阶段。在巢内繁殖阶段，雌性螨虫先寻找适龄幼虫巢房，在幼虫封盖后进行产卵。母螨首先产下一枚雄性卵，然后产3~5枚雌性卵。瓦螨的生长发育分为3个阶段：卵、若螨和成螨。卵期约为1d，若螨期约为7.5d（雄螨为5.5d）。后代雄性螨和雌性螨在巢房内发育成熟，雌螨发出信息素吸引雄性，求偶并在封盖巢房内完成交配。上一代母螨与下一代雌性和雄性螨随新出房蜜蜂一起离开巢房。在整个繁殖阶段，瓦螨都以幼虫和蛹为食。在东方蜜蜂中，瓦螨只能在雄蜂巢房内繁殖，雄蜂幼虫被瓦螨感染后，会很快死亡，从而阻断母螨繁殖，因此，东方蜜蜂蜂群内的瓦螨数量极少。在西方蜜蜂中，瓦螨既可以在雄蜂巢房内繁殖，也可以在工蜂巢房内繁殖，幼虫被感染后，仍能存活，因此瓦螨在西方蜜蜂蜂群中的数量会呈倍数增长。在体外寄生阶段，瓦螨很容易在群内个体间传播。由于迷巢和采集相同的花朵，瓦螨也会在蜂群之间传播。在体外寄生阶段，母螨会继续寻找适龄的幼虫巢房，进入巢房之后，则开始新一轮繁殖。若蜂群内无子脾，瓦螨则一直处于体外寄生阶段。雌螨的平均寿命为43.5d，可完成3~4个繁殖周期。

二、瓦螨对蜂群的危害

瓦螨主要从物理伤害和病毒传播两个方面危害蜂群。瓦螨用口器刺破蜜蜂腹部背板间隙，吸食脂肪体和淋巴液，类似于哺乳动物的肝脏和血液。由于物理创伤，导致蜜蜂免疫力下降，更容易被其他病原体感染，导致死亡。另外，瓦螨作为媒介，可传播多种病毒，最常见的5种病毒包括克什米尔蜜蜂病毒（Kashmir bee virus，KBV）、囊状幼虫病毒（Sacbrood virus，SBV）、急性蜂麻痹病毒（Acute bee paralysis virus，ABPV）、以色列急性麻痹病毒（Israeli acute paralysis virus，IAPV）和残翅病毒（Deformed wing virus，DWV）。其中残翅病毒携带量最大，传播最为广泛。残翅病毒来源于西方蜜蜂，在瓦螨侵入西方蜜蜂之前，残翅病毒的分布并不广泛，主要通过口腔传播，其毒力较低。在瓦螨侵入西方蜜蜂之后，残翅病毒附着在瓦螨体内，当瓦螨吸食蜜蜂淋巴液时，将病毒注射到蜜蜂体内，对蜜蜂的危害显著增大。由于瓦螨为残翅病毒提供直接传播途径，残翅病毒在全球范围内以指数方式快速传播，在病毒颗粒总量增加的同时，选择毒力更强的毒株。被瓦螨寄生的蜜蜂感染残翅病毒后，引起成年蜜蜂的翅膀变形和腹部缩短、肿胀，蜂群健康个体逐渐被病弱个体取代，最终导致蜂群瓦解。瓦螨还会与其他寄生虫和农药产生协同作用，更快地促使蜂群瓦解。

三、瓦螨防治

化学杀螨剂是最早使用的除螨方法，其中氟胺氰菊酯（Tau-fluvalinate）和氟氰菊酯（Flumethrin）最常见。这两种杀螨剂对蜜蜂的毒性相对较低，早期除螨效果好，可以消除被感染蜂群中98%的瓦螨。以氟胺氰戊菊酯为基础的其他合成制剂（例如：Apistan）使用也非常广泛。在蜂箱内施加氟氰菊酯条，可以使蜜蜂很快地接触到氟氰菊酯，并将化学药物传递到其他蜜蜂身上，从而除去瓦螨。但氟胺氰戊菊酯不挥发的特性，会使其残留在巢脾和蜂蜜中。另外经过长期使用，瓦螨基因已经产生突变，表现出很强的耐药性。化学杀螨剂的效果已经明显减弱，目前正在向运用有机酸除螨的方向转变。甲酸（formic acid，FA）和草酸（oxalic acid，OA）除螨效果比较好，有烟熏和喷雾两种方式。甲酸具有挥发性，在温度较高时，使用甲酸处理蜂群要及时通风，否则会导致蜜蜂幼虫死亡。在田间试验中，使用低浓度甲酸处理蜂群，对成年蜜蜂和蜂王没有不良影响，但随着甲酸浓度增加，对蜂群造成的损伤开始加大。甲酸的蒸发速率也会影响蜂群，蒸发速率越不规则，对蜜蜂的毒性越高。草酸主要是融入糖水溶液，喷洒到巢脾上。实验证明糖水中草酸浓度越高，瓦螨的防治效果越好，但蜜蜂中毒风险越高，因此草酸杀螨剂的最高剂量控制在每只蜜蜂约为250μg。而在不同季节，草酸杀螨的效果也有所差异。在冬季，用草酸处理无幼虫蜂群时的螨虫死亡率较高，而在夏季蜜蜂发育和繁殖期时，重复使用草酸蜂群的除螨效果也比较好。由于甲酸和草酸都有一定的腐蚀性，在处理蜂群时要佩戴手套和呼吸面罩，否则会出现咳嗽等症状。在使用化学试剂除螨过程中，通常会结合关王的方法，以提高除螨的效果。但是关王会导致一个月之内没有新出房工蜂，群势下降，尤其是在秋季关王，可能会提升过冬死亡率。

植物提取物治螨有利于绿色养蜂的长期发展。植物提取物性质更天然温和，虽然见效不如化学药剂快，但是循序渐进、可持续地发挥药效。虽然尚未有国家推出任何商业产品，但是大量前期工作已经证明了其可行性（表4-1）。精油类的植物提取物通常是将碾碎的植物组织经过水蒸气长时间蒸馏获得，其工艺更传统，接近天然。研究已证实多种植物精油对螨类有明显的抑制作用，如：降香精油（Odoriferous Rosewood）、茴香精油（Fennel）、薄荷精油（Mint）、广藿香精油（Cablin Potchouli）、草果精油（Cao Guo）、东北细辛精油（Manchurian Wildginger）。降香精油和茴香精油的杀螨率均在65%以上，即使在其最大剂量下进行处理，熏蒸产生的毒性对蜜蜂的存活均不存在明显威胁，是相对安全且有效的治螨剂。百里香酚的除螨效果也较好，并且对蜜蜂的毒副作用很小。研究显示在对比茴香脑（Anethole）、柠檬草精油（Cymbopogon oil）、万寿菊精油（Tagetes oil）以及氟胺氰菊酯对瓦螨的抑制效果以及其对蜜蜂的毒性来看，3种植物提取物作为杀螨剂都有显著的抑制效果。综合对蜜蜂的毒性影响后，茴香脑作为茴香油的最主要成分，是三者中最佳的选择，虽然其对瓦螨的抑制效果逊色于氟胺氰菊酯，但后者对成年工蜂的毒性甚至是前者的207倍，这是植物防治的最大优点。

表4-1 主要除螨剂及其防治效果

植物名称	提取物浓度	效果表现
百里香	2%植物—丙酮溶液[1]	3h 死亡率 100%
留兰香薄荷	2%植物—丙酮溶液[1]	3h 死亡率 100%
香薄荷	2%植物—丙酮溶液[1]	3h 死亡率 100%
降香	植物蒸馏物[2] $V_{max}^{3}=14.0\mu L$	48h 死亡率 72.0%±16.4%
茴香	植物蒸馏物[2] $V_{max}^{3}=2.0\mu L$	48h 死亡率 66.0%±27.0%

注：1.2%植物—丙酮溶液指植物蒸馏产物以丙酮为溶剂、浓度为2g/100g（W/W）的混合液。2. 植物蒸馏物指将500g风干植物粉末加入5L蒸馏水进行蒸馏的蒸馏产物。3. V_{max}指处理后72h内蜜蜂死亡率小于20%的剂量。

培育抗螨新品种是天然抑制瓦螨的有效方案。蜜蜂的清理行为是群体重要的免疫防御，当蜜蜂幼虫表现出信息素异常或幼虫发育延迟，可触发蜜蜂清理行为。被瓦螨寄生后，蜜蜂会打开封盖子，把被感染的幼虫或蛹拖出蜂箱，破坏瓦螨的繁殖周期，降低瓦螨繁殖率，法国农业科学院已经培育出该品种。挪威也培育出了抗螨品种，被瓦螨寄生后，蜜蜂会打开封盖子，然后重新封盖，从而干扰瓦螨繁殖，导致瓦螨不产卵，从而控制瓦螨数量。培育蜜蜂新品种的难度较大，主要是因为蜜蜂在飞行中完成交配，很难控制雄蜂，因此纯合位点很容易丢失，从而表现出抗螨表型不稳定。另一方面，在选育抗螨性能的同时，对蜜蜂采集力和攻击性的影响尚不清楚，因此，培育我国的抗螨蜂种是一项需要长期坚持的工作。

专题 5 蜜蜂性别决定机理研究进展

一、性别决定机制的概述

在几乎所有的动植物中都存在两性现象。在动物中，两性具有不同的性腺和第二性征；而在植物中，雌性花和雄性花具有不同的形态和数量。生物界中两性的差异表型是由基因控制的基本生物学过程。

生物的性别决定机制存在多样性，大致可以分为两大类：一类是环境决定机制（Environmental sex-determination system，ESD），即性别决定的原始信号来自周围环境，受温度、光照、营养和种群密度等控制；另一类是遗传决定机制（Genetic sex-determination system，GSD），即遗传因素决定性别。

ESD 广泛存在于鱼类和爬行类中，主要由卵在特定阶段的孵化温度决定。如鳄鱼和多数海龟，性别由孵化温度决定，大鳄龟（*Macroclemys temminckii*）孵化温度低于22℃或高于28℃时发育为雌性，而温度在 22~28℃ 时发育为雄性。欧洲泽龟（*Trachemys scripta*）的孵化温度高于30℃时全为雌性，低于25℃时全为雄性，在28.5℃时产生相同数量的雌性和雄性。

GSD 是生物中最普遍的性别决定方式，包含多种调控机制。大多数生物通过性染色体决定性别，主要有两种：XY/XO 型：雄性为异型配子 XY 或只有一个性染色体，雌性为同型配子 XX。该性别决定方式在生物界中较为普遍，包括很多雌雄异株植物、多种昆虫、某些鱼类和两栖类和所有哺乳动物（包括人类）；ZW 型：该型性别决定方式与 XY 型相反，即雄性为同型配子 ZZ，雌性为异型配子 ZW，主要在禽类、蛾蝶类、某些鱼类和甲壳类、一些两栖类和爬行类中比较普遍。

然而，有些生物的性别决定方式并不遵循上述情况，如黑腹果蝇（*Drosophila melanogaster*），其性别由性染色体 X 与常染色体 A 的比率决定，当 X∶A 为 1 时发育成雌蝇，为 0.5 时发育为雄蝇，Y 染色体为雄性发育所必需的，但不是主要的决定因素。蚂蚁和蜜蜂等一些膜翅目和缨翅目昆虫，无性染色体，性别由染色体的单双倍数决定。在蜜蜂中当胚胎所含染色体为单倍体（含 16 条染色体）时，个体发育为雄性，当所含染色体为二倍体（含 32 条染色体）时发育为雌性。

二、蜜蜂性别决定分子机制

蜜蜂作为重要的经济传粉昆虫，其性别一直备受关注。对于蜜蜂性别的研究已有很长的历史，早在 1586 年 Torres 就指出蜂王是雌性蜂，1609 年 Butter 指出雄蜂是雄性蜂，1637 年 Remnant 进一步指出蜂群中的工蜂都是雌性蜂。1737 年 Swarmmerdan 首次通过解剖证实了蜂王、工蜂和雄蜂的性别。至此蜂群中的三型蜂（蜂王、工蜂及雄蜂）的性别已基本清楚。

1835 年，波兰养蜂专家 Johann Dzierzon 发现了蜜蜂孤雌生殖的现象，1845 年，他提出了著名的蜜蜂性别决定理论——雄蜂是由未受精卵发育而成的，而蜂王和工蜂则是由受精卵产生的。Dzierzon 认为：蜂王可以"随意"地产下受精卵和未受精卵。这样蜂王可以通过产卵来控制后代的性别。Dzierzon 这个几乎完美的蜜蜂性别决定理论对养蜂业的发展起了很大推动作用。

1957 年 Rothenbuhler 发现存在由受精卵发育而成的二倍体雄蜂，Woyke 证实二倍体雄蜂不是由于生理缺陷死亡，而是在幼虫期被工蜂吃掉，并设计实验成功地培育出大量的二倍体雄蜂。显然 Dzierzon 理论无法解释这一现象。

针对蜜蜂性别决定机理，国内外研究者先后提出了以下 4 种假说：

1. 性位点假说

1943 年 Whiting 在研究麦蛾茧蜂时，发现一个与性别决定有关的遗传位点（x 位点），在这个位点上的基因为复等位基因（x^a、x^b、x^c …）。当 x 位点上的一对基因纯合时发育成雄性蜂，当这一位点上的基因杂合时则发育成雌性蜂。而未受精卵是单倍体，在 x 位点上就相当于是纯合，所以发育成雄性蜂。1951 年 Mackensen 通过实验证明了蜜蜂中存在和麦蛾茧蜂性位点假说同样的结果。

2. 基因平衡假说

1957 年 Cunha 和 Kerr 提出了有关膜翅目性别决定的基因平衡假说。其主体内容为：性别是由一系列雄性基因 m 和一系列雌性基因 f 来决定的。m 没有累加效应，因此半合子 m 与纯合子 mm 的 m 效应是相同的，二者均设为 M。由于 f 有累加效应，所以半合子 f 为 F，纯合子 ff 为 2F。然后性别由关系式 2F>M>F 决定。这样在单倍体个体中 M>F，所以是雄性；在二倍体个体中 2F>M，所以是雌性。

3. 蜜蜂性别决定综合假说

1983 年张宗炳教授提出了一个蜜蜂性别决定综合假说。首先假定除了雄性决定因素（m^1，m^2），雌性决定因素（$x^a x^b$）之外，还有第 3 个基因（Y 基因），即雄性因素的表达控制基因。若有 Y 基因，即使雌性基因为纯合（$x^a x^a$），也表现为雄性；若 Y 基因不存在，雌性基因为纯合（$x^a x^a$），则发育为二倍体纯合子雌蜂。

4. 性基因数量决定假说

1991 年李有泉和王海蓉提出：决定雌雄的基因分别位于 X 和 Y 染色体上。单倍体的结构式为 X–Y，二倍体结构式为 Y–X＝X–Y，X 染色体有"性结合键"相联，因此 X 染色体上 X 基因（决定雌性）有相加作用（X 基因相加有效数量总和可记为 $X_总$）。Y 染色体无"性结合键"相联，因此 Y 染色体上 Y 基因（决定雄性）无相加作用，Y 基因有效数量总和仍然为 Y。X 染色体含 X 基因的数量小于 X 染色体含 Y 基因的数量。因此单倍体中，$X_总$<Y，因此发育为雄蜂。二倍体中，当 $X_总$>Y 时，发育为二倍体雌性蜂；当 $X_总$=Y 时，发育为二倍体中性蜂（雌雄嵌合体）；$X_总$<Y 时，发育为二倍体雄蜂。

三、蜜蜂 *csd* 基因

1994 年 Huntt 和 Page 采用随机扩增多态性 DNA（RAPD）标记定位出了主要性别决定基因座 X 在染色体上的位置。之后，Beye 等于 2003 年通过对得到的性位点两侧的两个标记进行染色体步移试验和精细的映射定位得到实际的性别决定基因，这一基因被命名为 csd。通过 RNA 干扰来抑制雌性蜜蜂 csd 的表达，导致雌性个体发育成雄性，这为 csd 控制蜜蜂性别提供了确凿的证据。

csd 基因位于一个 36kb 的基因组区域内，在雌性蜜蜂中 csd 基因总是杂合的。csd 基因全长 14 415bp，位于 LG3 号染色体上，有 9 个外显子，由两个大内含子分隔成 3 个区（图 5-1），转录序列长度大约为 1.5kb。CSD 蛋白的 C 端具有一个 RS 结构域和一个脯氨酸（P）富集结构域，在这两个结构域之间存在一个富含天冬氨酸（N）和酪氨酸（Y）的高变区，在每个等位基因的高变区天冬氨酸和酪氨酸形成 $(N)_{1-4}Y$ 重复序列。

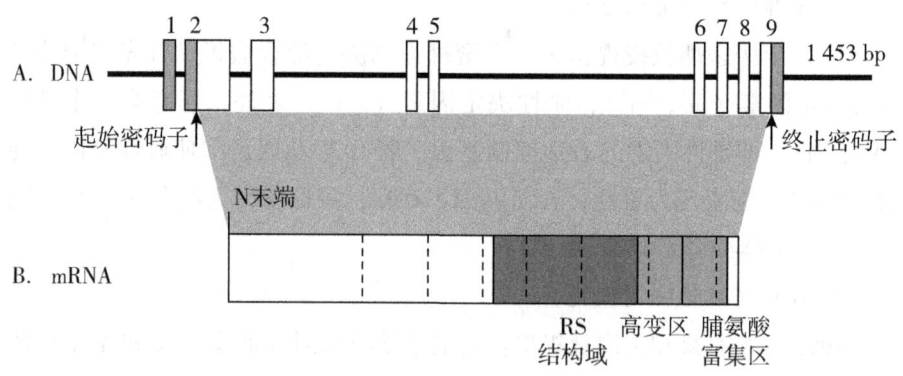

图 5-1　csd 基因结构图

（引自 Sex Determination in the Hymenoptera，2008；Cho S 等，2006）
A. csd 基因外显子结构，方框为外显子；方框之间的直线为内含子；
B. csd 基因的 mRNA 结果

csd 基因在产卵 12h 后才开始转录，并且在整个胚胎期的表达量都很高，但是在成蜂表达量很少。CSD 作为初始信号，只在早期胚胎发生期诱导雌性发育，并将信号传递到下游，使胚胎朝雌性发育。在杂合子中，CSD 蛋白和 Am-TRA2 蛋白直接对 fem 基因进行雌特异性剪接，fem 雌特异性剪接体产生的蛋白负责 Am-dsx 的雌特异性剪接。在纯合子或半合子中，缺少具有活性的 CSD 蛋白，导致 fem 基因的雄特异性剪接。不同的 csd 等位基因 HVR 区不同，HVR 变异决定新产生的 csd 等位基因的特异性。

Wang 等利用 CRISPR/Cas9 技术对西方蜜蜂 csd 基因进行编辑，结果发现，csd 敲除个体具有典型的雄性形态特征，但其精巢相比单倍体雄蜂精巢更小。同时，利用 RNA-seq 技术分析了产卵过后不同时间点的二倍体突变个体与对照个体的基因表达差异，结果显示，在二倍体雄性突变体中，一些偏向雌性的基因，如 worker-enriched antennal（Wat）、卵黄原蛋白（Vg）和一些毒液相关基因的表达下调。相反，一些偏向雄性的基因，如 takeout 和 apolipophorin-Ⅲ-like protein（A4），在二倍体雄性突变体中有更高的表达。

四、csd 基因多态性

2006 年 Cho 等通过分析西方蜜蜂、中华蜜蜂和大蜜蜂的 csd 等位基因与 6 个随机选择中性非编码区多态性水平，结果表明这几个蜂种的 csd 基因均呈现出很高的多态性，且多态水平比中性区域高 5~10 倍。

Joanna Zareba 等对 193 个野生蜜蜂种群的 csd 等位基因进行分析，发现种群中 csd 等位基因的重叠显著低于在假设 csd 等位基因是均匀分布情况下的预期结果。有趣的是，这些不均匀分布的 csd 等位基因都是不常见的，只存在于单个种群或蜂场，大部分都是从未被鉴定过的。推测这些等位基因很可能是最近产生的，还未传播到其他种群。

选取吉林长白山、海南海口、广西南宁、湖北神农架和江西靖安 5 个区域的中蜂群体，对 csd 基因高变区进行克隆测序，共获得 131 条 csd 基因高变区的序列，归属于 69 个单倍型，其中有 9 个单倍型为两个以上群体共有。系统树表明所有的单倍型在分子系统树上很明显地形成两支（Type Ⅰ 和 Type Ⅱ），而来自不同地理群体的单倍型则混杂在一起，在系统树上并没有按照地理来源形成五支。多态性分析表明 Type Ⅰ 的多态性（π = 0.067 24）显著高于 Type Ⅱ（π = 0.014 77）。进一步分析 5 个群体 Type Ⅰ 单倍型的多态性，吉林长白山、江西靖安、广西南宁、海南海口和湖北神农架群体的多态性依次为 0.094 25, 0.099 87, 0.050 96, 0.046 12, 0.035 88。吉林长白山群体和江西清安群体的多态性显著高于其他群体。而吉林长白山群体和江西靖安群体之间，广西南宁群体、海南海口群体和湖北神农架群体之间的多态性没有显著差异。各群体核苷酸分歧度（Dxy）在 0.039 77~0.092 08。其中湖北神农架中蜂与广西南宁中蜂之间分歧度最小，为 0.039 77。江西靖安中蜂与吉林长白山中蜂分歧度最大，为 0.092 08，江西靖安中蜂与湖北神农架中蜂、海南海口中蜂的分歧度也很大。各种群间遗传距离在 0.023 67~0.057 28。江西靖安中蜂与吉林长白山中蜂的遗传距离最大，湖北神农架中蜂与广西南宁中蜂之间的遗传距离最小。根据遗传距离进行 UPGMA 聚类分析，结果显示先是湖北神农架中蜂与广西南宁中蜂聚在一起，再依次与海南海口中蜂、吉林长白山中蜂、江西靖安中蜂聚在一起。

分析了 csd 基因在西方蜜蜂不同亚种之间的多态性。选取高加索蜂、安纳托利亚蜂、卡尼鄂拉蜂、喀尔巴阡蜂、东北黑蜂、法国意蜂这 6 个亚种，对 csd 基因高变区进行克隆测序。分别获得了 6 个、10 个、19 个、14 个、28 个和 7 个单倍型。csd 基因在所有的 6 个西方蜜蜂亚种间表现出高的多态性，其中安纳托利亚蜂的核苷酸变异度 π 值最高，显著高于东北黑蜂，但是与其他四个亚种则没有显著差异。除去安纳托利亚蜂以外，其他 5 个亚种之间的 π 值均没有显著差异。群体分析表明 6 个不同亚种间的成对 F_{st} 值在 0.018 25~0.238 48，其中，安纳托利亚蜂和卡尼鄂拉蜂之间的 F_{st} 值最高，而喀尔巴阡蜂和高加索蜂之间的 F_{st} 值最低。从这些西方蜜蜂不同亚种间的 F_{st} 值来看，高加索蜂与其他 5 个西方蜜蜂亚种之间的遗传分化水平都非常低，喀尔巴阡蜂与安纳托利亚蜂、法国意蜂之间的遗传分化也没有显著差异，除了这几对亚种之外剩余的亚种间均存在极显著的遗传分化。6 个不同西方蜜蜂亚种间的 Kimura's 双参数遗传距离在 0.041 78~0.063 41，其中安纳托利亚蜂和卡尼鄂拉蜂之间的遗传距离最大，而东北黑蜂和高加索蜂之间的遗传距离最小。根据 Kimura's 双参数遗传距离构建 UPGMA 树，结果表明高加索蜂和东北黑蜂先聚在一起，然后卡尼鄂拉蜂，喀尔巴阡蜂，法国意蜂和安纳托利亚蜂依次和它们聚在一起。

以广西崇左大蜜蜂和海南岛大蜜蜂工蜂为实验材料，对 csd 基因高变区进行克隆测序。从广西和海南大蜜蜂群体分别获得了 34 个和 24 个 csd 等位基因，两个群体共有 52 个单倍型，其中有 6 个等位基因为两个群体所共有。广西群体的核苷酸变异度 π 值为 0.048 89±0.004 04，而海南群体的 π 值为 0.038 32±0.005 41，两个群体核苷酸没有显著性差异。分子系统树表明所有来自海南和广西的单倍型在分子系统树上混杂在一起，并没有按照地理来源形成海南和广西两支。群体分析表明海南和广西大蜜蜂群体的 Fst 遗传距离是5.32%，表明两个群体间存在弱的遗传分化，同时在两群体间有很高的基因流（Nm=6.73），暗示着在历史上这两个群体间有频繁的基因交流，所有这些结果表明这两个群体间的遗传分化很低，csd 基因没有海岛奠基者效应。

以广西武鸣小蜜蜂工蜂为实验材料，对 csd 基因高变区进行克隆测序。从60只小蜜蜂工蜂个体获得了54条序列，归属于37个单倍型。以这些单倍型为基础构建系统树，所有单倍型在进化树上形成 type Ⅰ、type Ⅱ 和 type Ⅲ 3个进化支。其中 type Ⅱ 和 type Ⅲ 的核苷酸变异度 π 值非常低，而 type Ⅰ 的 π 值比 type Ⅱ 和 type Ⅲ 要高10倍左右。推测 type Ⅱ 和 type Ⅲ 等位基因可能来自其他基因。进一步对 type Ⅰ 等位基因进行分析，结果表明小蜜蜂 csd 基因多态性显著高于大蜜蜂、东方蜜蜂、西方蜜蜂。分析非同义突变率（dN）和同义突变率（dS）之间的关系。结果表明对于所有的等位基因对，dN 大于 dS，dN/dS 平均值为1.28。而且对于新形成的基因，$dN-dS$ 回归直线高于 $dN/dS=1$，然而对于早已分化形成的等位基因，$dN-dS$ 回归直线低于 $dN/dS=1$。这些结果表明非同义突变选择性的有利于年轻的等位基因。

五、蜜蜂 *fem* 基因

2008年 Hasselmann 等鉴定出了另一个蜜蜂性别决定关键基因 *fem*，该基因位于 *csd* 上游区域的12kb处。通过对蜜蜂合胞体胚胎进行 RNAi 抑制 *fem* 基因表达，结果表明有74%的雌性性腺完全分化成雄性睾丸；而 *fem* 基因受抑制的雄性无性逆转。表明 *fem* 基因的表达产物是雌性性腺分化所必需的，但对雄性发育无影响。

fem 基因编码的蛋白和 CSD 蛋白一样在羧基端有一个 RS 富集结构域和脯氨酸富集结构域，其在氨基端也有一个 RS 富集结构域，但缺少 CSD 中的高变区，不存在等位基因多态性。因此，*fem*/*csd* 基因编码的蛋白均为 SR 型蛋白，可能参与调控 RNA 拼接。将 *fem* 基因与果蝇的 tra 基因进行比较，发现这两个基因在性别决定通路中有同等功能，都属于 SR 型蛋白，具有相同的 RS 富集域和脯氨酸富集域，都是整个雌性发育所必需的。

fem 基因具有性特异性剪接模式（图 5-2），*fem* 基因雌雄特异性转录子的 5′端都含有 UTR 区，但下游所含外显子数不同，其雌特异性拼接含有 10 个外显子，雄特异性拼接含有 12 个外显子，由于雄特异性转录子保留了完整的外显子 3，该外显子包含一个终止密码子，导致雄性中该基因的转录会提前终止；在雌性中，外显子 3 含终止密码子的部分以及外显子 4 和 5 都会被剪切掉，并形成了完整的 ORF，翻译产生含 403 个氨基酸的活性蛋白，诱导雌性发育。

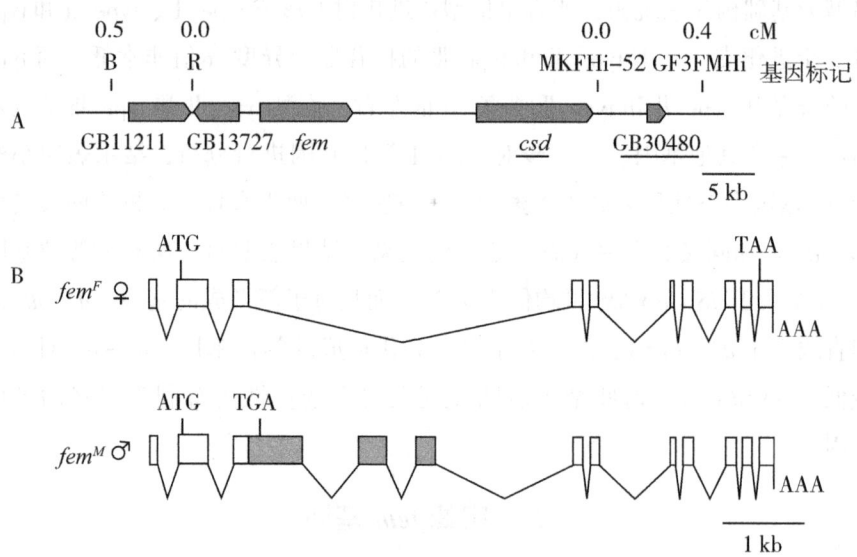

图 5-2　SDL 基因组区域内的基因分布和 *fem* 基因拼接结构图

（引自 *Hasselmann* 等，2008）

A. SDL 基因组区域内确定的基因图，基因沿着箭头方向从 5′到 3′；

B. *fem* 基因的雌雄特异性结构图，空白方框表示共同的外显子，

灰色方框表示雄特异性外显子

fem 基因的作用为维持和稳定胚胎的雌性发育，并调控下游 *dsx* 基因发生雌特异性拼接。Roth 等通过 CRISPR/Cas9 的方法，在雌性胚胎期敲除 *fem* 基因，被敲除的个体由原来的雌性转变成为雄性个体，并且有着大的雄性精巢，他们得出结论：*fem* 基因作为遗传程序的"开关"，影响着性腺的大小。

六、蜜蜂 *Amdsx* 基因

2007年Cho等鉴定了蜜蜂 *Amdsx* 基因的4种选择性剪接变异体，分别为 *Amdsx*[B]、*Amdsx*[M]、*Amdsx*[F1] 和 *Amdsx*[F2]。其中，*Amdsx*[F1] 和 *Amdsx*[F2] 只在雌性中表达，为雌特异性变异体。Amdsx[F1] 是 *Amdsx* 基因的最长转录本，也是较长的雌特异性变异体，由3 359个核苷酸组成，包含7个外显子；Amdsx[F2] 为较短的雌特异性变异体，全长2 337nt，包含5个外显子，其与 Amdsx[F1] 的差别在于3′-UTR区的长度不同，因此，Amdsx[F1] 和 Amdsx[F2] 编码相同的蛋白质 Dsx[F]。Amdsx[M] 只在雄性中表达，为雄特异性变异体，全长2 504nt，包含6个外显子，跳跃了 Amdsx[F1] 的第五个外显子。Amdsx[B] 在雌雄中均有表达，全长1 992nt。

AmDSX蛋白有两个功能区域（OD1和OD2），对寡聚化具有重要作用。OD1位于氨基端，包含一个锌指DNA结合结构（DBD），是结合目标序列所必需的。AmDSX中OD1/DBD的6个氨基酸残基是保守的，这6个氨基酸对锌指结构域的功能有重要作用；AmDSX[F] 和 AmDSX[M] 共享OD2的氨基端部分，该部分在进化上相对保守，而OD2的羧基端部分为 AmDSX[F] 特有。

七、蜜蜂 *Amtra2* 基因

Inga等克隆了蜜蜂的 *Amtra2* 基因，*Amtra2* 通过选择性剪切产生多种转录本，翻译成的蛋白质在第一个RS结构域的长度上和第二个RS结构域中一个丝氨酸的存在/缺失上存在差异。*Amtra2* 基因最大的转录本 Amtra2[285] 包含1 401个核苷酸，有5个外显子，编码285个氨基酸。这些剪切变异体均无性别特异性。AmTRA2蛋白与其他TRA2直系同源体具有相同的结构域，包含一个RBD结构域和两侧RS富集域，RBD可直接作用于前体mRNA，而RS富集域提供了一个潜在的与其他蛋白互作的表面。Inga等对蜜蜂早期雌性胚胎 *Amtra2* 基因进行RNAi，结果发现 *Amdsx* 的雌性拼接转换成雄性拼接，而且 *fem* 基因的雌性拼接也受到影响。对蜜蜂早期雄性胚胎进行RNAi，*fem* 基因的雄性拼接减弱，表明 *Amtra2* 基因是 *fem* 的雄特异性拼接所必需的。这说明 *Amtra2* 参与调控 *fem* 和 *Amdsx* 的性别特异性选择性剪切。

Cristino等在蜜蜂中筛选出了13个果蝇性别决定基因的同源基因

（>40%），其中有 8 个基因编码产生转录因子，它们为 dsx、ix、fru、dpn、dsf、run、bab 和 scr；有 3 个基因编码的蛋白参与初始信号传递（sxl、tra2 和 fl）和参与决定胚胎性别的拼接；另外两个保守基因都参与信号转导的细胞通讯途径（hop 和 pk61C），这些信号转导途径对生殖器的形成和 dpp、hh 以及 wg 介导的通路非常重要。所有这些调控子对果蝇性别发育有重要作用，且有些调控子在远源物种中的结构和功能都高度保守。

八、蜜蜂与其他昆虫性别决定通路比较

昆虫的性别决定机制具有巨大的多样性。在大多数昆虫中都形成了性别决定的基因级联通路。昆虫性别决定级联通路包括三个重要部分，分别是初始信号，关键基因和末端双性拼接基因。其中初始信号和关键基因在昆虫中多样化，以适应不同的诱发因素，如环境和负责胚胎性别固定的基因信号，末端双性拼接基因 doublesex 高度保守，是性别决定级联中最古老和最保守的基因（图 5-3）。初始信号的存在或缺失，与一些拼接调控子相

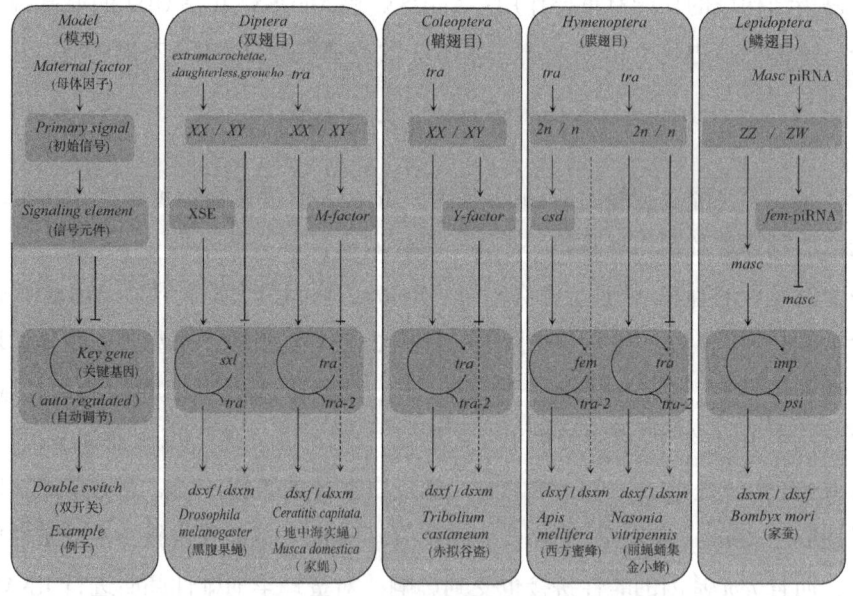

图 5-3 各种昆虫性别决定通路调控示意图

（引自 The autoregulatory loop：A common mechanism of regulation of key sex determining genes in insects，2016）

互作用导致关键基因发生性别特异性拼接。末端双性基因剪接子具有性别特异性并负责第二性征。在这类调控中,一旦原始信号被触发,该信号将不再需要,而是由下游关键基因[如果蝇的 Sex-lethal(Sxl),部分双翅目、鞘翅目和膜翅目的 transformer(tra),蜜蜂的 Feminizer(fem)和家蚕的 IGF-Ⅱ mRNA-binding protein(Bmimp)]形成自动反馈调节通路起稳定作用,并调控自身特异性拼接和下游基因特异性拼接。而末端双性开关基因 *doublesex* 在完全变态昆虫中结构保守,是性别决定级联中最古老和最保守的基因。

专题6 工蜂分工及其机理

蜜蜂是真社会性昆虫，它们是高级群体生活，个体间有信息交流，劳动有分工，是典型的超生物体。工蜂担任蜂群中几乎所有"工作"，在正常蜂群中，工蜂依据"日龄"进行分工，即1~3日龄承担保温孵卵、清理产卵房的工作；3~6日龄承担调剂花粉与蜂蜜，喂饲大幼虫的工作；6~12日龄承担分泌蜂王浆，饲喂小幼虫和蜂王的工作；12~18日龄承担泌蜡造脾清理蜂箱和夯实花粉的工作；18~30日龄承担采集花蜜、水、花粉、蜂胶工作；30日龄以上承担巢门防卫的工作。18日龄前在蜂群内工作，统称为内勤工蜂；18日龄后在蜂群外工作，统称为外勤工蜂。

以上叙述是在正常蜂群中工蜂的分工现象，但工蜂分工有一定可塑性，即随着蜂群中工蜂日龄组成和环境因素等进行调整。比如在采蜜季节，当蜂群中外勤工蜂数量偏少，内勤工蜂数量过剩时，则有部分内勤工蜂会提前发育，并提前参加采集工作；当蜂群中外勤工蜂数量很多，则有部分内勤工蜂会延迟发育，并延迟参加采集工作；当采集工蜂人为组成蜂群时，若蜂群内有大量小幼虫，则有部分采集工蜂反向发育哺育工蜂。

Robinson和Huang发现工蜂分工与保幼激素含量有关，随着工蜂日龄增加，工蜂血淋巴中保幼激素含量逐渐增加，采集工蜂血淋巴中保幼激素含量达到高峰。用保幼激素滴试刚羽化工蜂腹部发现，工蜂血淋巴中保幼激素含量增加，会促进工蜂提前参加采集工作。这也验证了工蜂血淋巴中保幼激素含量调节工蜂分工。

哺育蜂与采集蜂之间的相互转变会伴随一些生理指标，基因表达等的改变。有研究使用基因芯片获得了蜂群中与日龄相关的分工的基因与分子通路的全面信息。

Whitfield 等分析了 5 500 个基因，其中 1/3 在哺育蜂与采集蜂大脑中的表达差异显著。也有研究表明：哺育蜂与采集蜂转变的时间点是决定工蜂寿命的主要因素，工蜂越早开始采集，也越早开始老化。Amdam 等发现老龄采集蜂逆转为哺育蜂后，老化的几种生理指标也受到了影响，这直接延缓了其老化过程。Ben-Shahar 等研究表明采集基因 (foraging gene, Amfor) 的表达及其产物与哺育蜂到采集蜂之间的过渡有关。Heylen 等使用定量 PCR 追踪检测了 Amfor 在从哺育蜂到采集蜂的转变过程中的工蜂脑部的表达，13~25 日龄每两天取一次样，结果表明 Amfor 表达的峰值出现在哺育蜂向采集蜂转变的预期时间点，验证了 Ben-Shahar 等的结论。Leoncini 等发现信息素与其他社会因素可以调控哺育蜂与采集蜂之间的转变，影响工蜂首次采集的时间。这些影响因素直接或间接影响与蜜蜂的行为发育相关的生理因子与信号通路，如保幼激素、蜂王下颚信息素、Amfor 和味觉基因等。刘芳等使用 DGE 全面分析了哺育蜂与采集蜂头部基因表达的差异，他们检测到 7 045 个差异表达基因，其中 1 621 个基因差异表达显著。

孙婷等以西方蜜蜂 (Apis mellifera) 为材料，通过标记蜂群中 200 只刚出房工蜂，同时观察记录标记工蜂的扇风行为、采集行为和饲喂蜂王行为的频率。运用 6 对微卫星分子标记分析标记工蜂的基因型，结合 Matesoft 分析系统软件，鉴定出试验蜂群的 24 个亚家系。采用 DPS 系统中的 G-test 频次分布似然比检验方法对这群蜂的总体亚家系组成与扇风行为工蜂的亚家系组成、饲喂蜂王行为工蜂的亚家系组成和采集行为工蜂的亚家系组成进行比较分析，发现扇风行为工蜂的亚家系组成存在显著特异性 ($P = 0.0001$)，这一结果与卡尼颚拉蜂 (Apis mellifera carnica) 蜂群的试验结果一致，证实在西方蜜蜂蜂群内，不同亚家系工蜂在劳动分工中存在显著差异。分析结果还表明，饲喂蜂王行为工蜂的亚家系组成和采集行为工蜂的亚家系组成也存在显著特异性 ($P = 0.0001$)，这一结果证明，在工蜂的不同劳动分工中，均存在着遗传特异性，证实遗传因素对蜜蜂劳动分工产生影响，遗传因素在蜜蜂劳动分工中扮演重要角色，可为蜜蜂特定行为的相关基因的克隆及功能分析提供理论依据。

管翠等以西方蜜蜂 (Apis mellifera) 为材料，通过免疫沉淀测序 (methyl-DNA immunoprecipitation combined with high-throughput sequencing,

MeDIP-seq）比较分析了哺育蜂王幼虫工蜂、哺育工蜂幼虫工蜂、采集工蜂和逆转哺育工蜂全基因组 DNA 甲基化的差异性，并通过数字基因表达谱测序（Digital Gene Expression tag profiling，DGE）比较了这 4 种工蜂之间的基因表达差异。另外通过定量 PCR 技术分析了组蛋白脱乙酰酶 sir2（sir2 histone deacetylase，sir2），组蛋白脱乙酰酶 1（histone deacetylase 1，hdac1）和 ash2 三胸复合体（absent，small，or homeotic discs 2，ash2）3 个类蜂王基因在雌性蜜蜂中的表达差异。结果表明：哺育蜂王幼虫工蜂、哺育工蜂幼虫工蜂、采集工蜂和逆转哺育工蜂都获得了 24 489 796 条原始 reads。每个样品中 80%左右的 reads 可与西方蜜蜂基因组比对上，其中 72%以上的 reads 可与基因组唯一比对上。基于 MACS 软件在全基因范围进行富集区域（peak）扫描，每个样品的甲基化 peak 在全基因组上的覆盖度约为 14.5%。根据 peak 扫描结果，分析不同样品间的甲基化差异基因。哺育蜂王幼虫工蜂与哺育工蜂幼虫工蜂相比，哺育工蜂幼虫工蜂与采集工蜂相比，哺育工蜂幼虫工蜂与逆转哺育工蜂相比，采集工蜂与逆转哺育工蜂相比，分别总共有 118 个、122 个、94 个和 121 个甲基化差异基因；以西方蜜蜂基因组与转录组数据作为参考数据库，用 DGE 分析比较了这 4 个样品之间的基因表达差异。分别从 4 个样品中获得了 5 950 226 个、5 837 851 个、6 069 314 个、5 877 809 个标签。在哺育蜂王幼虫工蜂与哺育工蜂幼虫工蜂，哺育工蜂幼虫工蜂与采集工蜂，哺育工蜂幼虫工蜂与逆转哺育工蜂，采集工蜂与逆转哺育工蜂中分别检测到 673 个、874 个、822 个、710 个基因有显著差异表达；采用荧光定量 PCR 检测不同发育时期工蜂和蜂王的 sir2，hdac1 和 ash2 基因表达量。结果表明：这 3 个基因在刚羽化的蜂王、产卵蜂王和产卵工蜂中的表达都显著高于刚羽化的工蜂、哺育工蜂和采集工蜂（$P<0.05$）；另外这 3 个基因在蜂王蛹中的表达也显著高于工蜂蛹（$P<0.05$）。这表明这 3 个基因可能是类蜂王基因。

在蜂群中，王台中的蜂王幼虫和工蜂巢房中的 1~3 日龄工蜂幼虫都是哺育工蜂分泌王浆进行饲喂。大量研究表明：饲喂蜂王幼虫的蜂王浆和饲喂工蜂幼虫的工蜂浆成分有差异。田柳青等以西方蜜蜂（*Apis mellifera*）为实验材料，研究了哺育蜂王幼虫的哺育蜂（NBQL）和哺育工蜂幼虫的哺育蜂（NBWL）是否存在进一步社会细分工，特别是 NBQL 是否为哺育蜂一种亚型。结果表明：利用 Solexa/Illumina 数字基因表达谱测序（DGE）技术，先检测了3组（1组为头部，2组为咽下腺）NBQL 和 NBWL 基因表达。结果发现在 NBQL 和 NBWL 样品头部和两组咽下腺中分别检测出 5 837 851 个、5 921 630 个、5 920 307 个（NBQL）和 5 950 226 个、5 910 901 个、5 911 105（NBWL）个 clean tags。三组的比较结果显示分别有 673、1 132 个和 768 个基因表达差异显著。NBQL 和 NBWL 比较，头部的差异基因上调数要多于下调数（387 vs 286），而咽下腺的差异基因上调数要少于下调数（79 vs 1 053 和 165 vs 603）。所有三组样本比较，存在相同的 9 个上调基因和 68 个下调基因。两组咽下腺样本中存在更多的相同差异表达基因，分别有 41 个上调基因和 434 个下调基因。NBQL 和 NBWL 头部和咽下腺都存在基因表达差异，其中王浆蛋白基因存在显著表达差异；利用玻璃观察箱观察并记录标记工蜂的哺育行为发现，只有极少数的哺育蜂仅哺育蜂王幼虫，但哺育过蜂王幼虫的工蜂会表现更积极的哺育行为。行为实验结果没有支持 NBQL 是哺育蜂一种亚型的猜想。显然 NBQL 和 NBWL 基因差异并不能说明哺育蜂存在社会细分工，这一结果为蜜蜂社会分工分子机理提供了一种新的解释；为了进一步研究 NBQL 和 NBWL 是否存在遗传背景差异，从 2 群自然群中随机取 170 只哺育工蜂巢房中小幼虫的工蜂（NBWL）和哺育王台中小幼虫的工蜂（NBQL），并利用微卫星进行个体基因型分析。结果表明：NBQL 和 NBWL 在各亚家庭的分布不存在显著差异，说明 NBQL 和 NBWL 不存在显著不同的亚家系分布。

蜂王释放的蜂王信息素吸引了一些工蜂围绕着它，围绕蜂王的工蜂被称为蜂王侍从工蜂，而蜂王侍从工蜂围绕蜂王所形成的圈被称为蜂王侍从工蜂圈。易瑶等以西方蜜蜂（*Apis mellifera*）为研究材料，系统研究蜂王侍从工蜂分工。将 300 只刚出房的工蜂用染料标记后放回试验蜂群内，隔天标记至少 10 次。用 DVD 拍摄记录试验蜂群中蜂王侍从工蜂圈的形成，并通过视频回放进行蜂王侍从工蜂的日龄统计。结果表明：蜂王侍从工蜂的日龄在 2~23，但主要集中在 6~18 日龄；通过 DVD 对蜂王侍从工蜂圈进行记录。回放视频以统计蜂王侍从工蜂的数量。结果表明：蜂王侍从工蜂数量一般规律为：饲喂>休息>产卵。蜂王在被饲喂和休息时的蜂王侍从工蜂数量会极显著高于产卵时数量；从蜂群中各取样 94 只蜂王饲喂工蜂和该群蜂王，利用 4 对微卫星引物对样本进行个体基因型分析。结果表明：实验蜂群分别包含 22 个、13 个、13 个亚家庭，蜂王饲喂工蜂的亚家庭组成不存在亚家庭专属现象，即蜂王会接受各个亚家庭的适龄工蜂的饲喂；从蜂群分别取样 94 只蜂王侍从工蜂、94 只对照工蜂以及该群蜂王。采用 4 对微卫星引物对蜂王侍从工蜂和对照工蜂进行个体基因型分析。结果显示：实验蜂群 1 中蜂王侍从工蜂由 9 个亚家庭组成，对照组工蜂由 13 个亚家庭组成；实验蜂群 2 中分别对应为 6 个和 12 个亚家庭。经 F 检验，结果表明：蜂王侍从工蜂与对照组工蜂在各亚家庭的分布具有显著差异，说明蜂王侍从工蜂存在遗传背景差异。

专题7 蜂群中的合作与冲突

蜜蜂是一种资源共享、精细分工、信息高度交流的社会群体。在蜂群内，蜂王、工蜂和雄蜂各司其职，是一个非常协调的整体。但由于蜂王是多雄交配，蜂群存在许多"同母异父"的亚家庭，亚家庭内工蜂亲缘关系指数（0.75）远大于亚家庭间工蜂亲缘关系指数（0.25~0.50），这样蜂群内工蜂之间也存在利益与行为的冲突。

一、蜂群内工蜂合作

单个蜜蜂是一个单独生物体，生物体由若干细胞组成，显然蜂群是由很多单独生物体（蜜蜂）组成的"多细胞生物体"，这种"生物体"被称为"超生物体"。在蜂群这样"超生物体"中，单个蜜蜂难以独立生存，但通过蜜蜂个体合作，蜂群则能适应多变环境条件。

1. 蜂群内工蜂合作起源

达尔文在写《物种起源》这部经典著作时，无法用个体选择来解释工蜂如何进化成不育型，最后他认为在社会性昆虫中自然选择的单位已不是个体而是群体。虽然当时达尔文没能给这种社会性进化现象更详细的解释，但为后来研究者提供了自然群体选择的方向。

目前解释形成工蜂不育型的社会性进化理论主要包括亲属选择理论、父母控制理论和群体互惠理论。

（1）亲属选择理论：由于蜜蜂具有单双倍体性别决定机制（即在一般情况下，蜂王和工蜂是双倍体，雄蜂是单倍体），加上蜂王多雄交配特性，按亲缘关系指数可知：在同一亚家庭中，工蜂与其全同胞工蜂的亲缘关系指数为0.75，而工蜂与其自己生殖的后代（雄蜂）的亲缘关系指数只为

0.5。工蜂为了自身基因最大限度传递，很可能利用蜂王来生殖自己的全同胞姐妹，而工蜂自己则进化成不育型。

（2）父母控制理论：即父母为了集中精力生殖以提高自己的适合度，控制子代的营养、环境等，使工蜂发育成不育型，从而帮助群体取食、防卫等。

（3）群体互惠理论：即无亲缘关系的个体为了共同防止天敌，提高适应环境的能力和采集食物的效率等而集体筑巢，最后进化到有不育型的社会性。

虽然以上3种理论各有依据，但持第一理论观点的最普遍。另外，以上3种理论并非相互排斥，可能同时作用。

2. 蜂群内工蜂合作意义

工蜂不育型进化，为蜂群内工蜂合作提供了基础。蜂群内工蜂合作意义至少表现在蜂群内温度和湿度调节、群体防御、合作采集、筑巢、自然分蜂和饲喂等方面。

二、蜂群内工蜂冲突

工蜂冲突至少表现在亲属辨认、亲属优惠和工蜂监督三个方面。

1. 蜂群中工蜂亲属辨认

在蜂群中，蜂王必须让工蜂认识自己从而饲予蜂王浆；当蜂王错入它群时，往往会受到这群蜂中的工蜂攻击，工蜂能辨认同群的蜂王与非同群的蜂王，可能是依靠辨认不同蜂王背板内腺体分泌的信息素差异，而达到辨认的目的。全同胞姐妹蜂王互换，成功率35%，具有一定血缘关系的蜂王互换，成功率12%。

工蜂辨认是指工蜂能够识别与自己有血缘关系的其他个体。大量研究表明工蜂具有辨认自己亲属的能力。工蜂亲属辨认包括工蜂对群外工蜂的辨认、工蜂对蜂王的辨认、工蜂对群内全同胞姐妹和半同胞姐妹的辨认、自然分蜂的辨认等几个方面。

（1）工蜂对群外工蜂的辨认：守卫蜂能通过气味辨别出同群工蜂与外群工蜂。当把许多来自不同蜂群刚羽化的工蜂组成实验蜂群，然后把原来每群中姐妹工蜂或非姐妹工蜂引入实验蜂群中，观察工蜂行为变化，结果发现：虽然工蜂对姐妹工蜂或非姐妹工蜂的攻击行为差异不显著，但工蜂对姐妹工蜂饲喂行为比非姐妹工蜂次数要多。把 5 日龄以后的工蜂介入蜂群中，其接受与否与亲缘关系相关。工蜂对群外工蜂的辨认机理目前还不清楚，可能与巢脾气味有关，每群巢脾的气味具有独特遗传特性，这种遗传特性可能通过"群味"来体现，并且这种"群味"不会因为环境改变而改变。

（2）工蜂对蜂王的辨认：当蜂王错入它群时，往往会受到其他蜂群中工蜂攻击。工蜂能辨认同群蜂王和非同群的蜂王。工蜂可能是依靠辨认不同蜂王背板内腺体分泌的信息素差异，而达到辨认同群蜂王的目的。

（3）工蜂对群内全同胞姐妹和半同胞姐妹的辨认：用不同体色品种的雄蜂精液给蜂王进行人工授精，这样可以通过工蜂体色来区分不同亚家庭工蜂。研究发现工蜂可辨别全同胞姐妹和半同胞姐妹；当把单个工蜂分开饲养，然后混合在一起，工蜂仍然可区分全同胞姐妹和半同胞姐妹。工蜂对群内全同胞姐妹和半同胞姐妹的辨认是依据不同化学气味来辨认自己的亲属。因为气味是受遗传控制，因此亲缘关系越近的工蜂，气味越相似。但也有研究者认为：工蜂辨认亲属能力可能与工蜂表皮蜡有关，但工蜂表皮蜡的化学成分随工蜂日龄变化而改变，这就让工蜂利用表皮蜡作为辨认自己的亲属几乎成为不可能。

（4）自然分蜂的亲属辨认：黄强等以中蜂为材料，应用分子标记方法研究了中蜂自然分蜂过程中亲属优惠行为，结果表明：与封盖王台中处女王同一亚家庭中的工蜂，留在母巢内的数量显著高于离开的数量；而与封盖王台中处女王不是一个家庭中的工蜂，则更多是随分蜂团离开母巢。这说明中蜂自然分蜂过程中存在亲属辨认行为。特别有趣的是，在人工组成中蜂和意蜂混合群中，在蜂群进行自然分蜂时，统计参与自然分蜂意蜂工蜂数量，以及不参与自然分蜂意蜂工蜂数量发现：意蜂工蜂能够选择性地参与中蜂的自然分蜂，说明意蜂工蜂具有解读中蜂自然分蜂语言的能力。

2. 蜂群中工蜂亲属优惠

指工蜂给予亲缘关系指数高的亲属某些特别"利益"或特殊"优惠"，使得亲缘关系指数高的亲属基因得到最多复制。在蜂群中，由于蜂王的多雄交配特性，加上蜂王使用交配雄蜂的精液呈随机分布，因此多雄交配蜂王的蜂群，一定是由许多同母异父的亚家庭组成。这样也就使得蜂群中不同个体间亲缘关系指数变得复杂了许多，群内工蜂与工蜂之间的亲缘指数 $r=0.25+0.5/n$，其中 n 为蜂王交配的雄蜂只数；群内工蜂与雄蜂之间的亲缘指数 $r=0.25$。

在多雄交配蜂王的蜂群中，蜂王与她的后代（不管是工蜂，或是雄蜂）之间亲缘关系指数都是 0.5；蜂群中全同胞工蜂之间亲缘关系指数（0.75）高于工蜂自己生育后代的亲缘关系指数（0.5），因此许多学者认为：工蜂有可能把蜂王当作产卵机器，为其生育同胞姐妹。

由于 $r_{全同胞姐妹} > r_{半同胞姐妹} > r_{同胞兄妹}$。这种特殊的血缘关系，从理论上看必然形成以下亲属优惠结果：工蜂优先哺育其全同胞姐妹；工蜂在选择全同胞姐妹和半同胞姐妹时，工蜂有可能清除其半同胞姐妹；工蜂在选择同胞姐妹和同胞兄弟时，有可能先清除其同胞兄弟。

大量研究表明：蜂群中可能存在工蜂亲属优惠行为，主要包括工蜂培育蜂王优惠行为和工蜂饲喂优惠行为等方面。

（1）工蜂培育蜂王优惠行为：当蜂群要培育蜂王时，工蜂面临选择有不同亲缘关系指数（比如 0.75、0.50 和 0.25）卵和幼虫育王。在选择卵和幼虫育王过程，各亚家庭工蜂之间存在冲突。在蜂群中，所有卵和幼虫与蜂王的亲缘关系指数都是 0.5，对蜂王来说，只要用自己产的卵育王则可。但由于工蜂之间存在全同胞姐妹和半同胞姐妹之分，因此各亚家庭的工蜂都希望用与自己亚家庭一致的卵和幼虫来培育蜂王，以便自己的基因得到更多的繁衍，这就是矛盾的焦点。最后，这种选择只有 3 种可能：一是各亚家庭的工蜂都互相监督，保持中立，让蜂王随意产卵在王台中或随意选择巢房中卵或幼虫来培育蜂王；二是各亚家庭的工蜂都培育自己的全同胞姐妹蜂王；三是由蜂群中占主导作用的亚家庭来培育全同胞姐妹蜂王。

当不同品系选择育王时，工蜂会选择自己品系的卵或幼虫育王。比如用欧洲黑蜂和卡尼鄂拉蜂做交换哺育蜂王实验，发现工蜂会选择自己品系的卵或幼虫育王。

谢宪兵等人为使中蜂失王而出现急造王台后，应用 3 个蜜蜂微卫星位点鉴别急造王台中的幼虫及其哺育蜂的亚家庭，以此来研究中华蜜蜂急造王台的工蜂亲属优惠。结果表明：蜂群中各亚家庭之间的工蜂分布差异不显著,然而蜂群中急造王台只出现在少数 3~5 个亚家庭中,各亚家庭之间在王台出现率上存在极显著的差异;哺育急造王台中幼虫工蜂并非只来自幼虫所在的亚家庭,而是分布在更多的亚家庭里。这说明中蜂急造王台时,在蜂王幼虫的选择过程中存在工蜂亲属优惠行为,但蜂王幼虫与它们的哺育工蜂之间并不存在工蜂亲属优惠现象。

(2)工蜂饲喂优惠行为:Noonan 等用 2 种不同体色雄蜂精液给 1 只蜂王进行人工授精,建立含有 2 个亚家庭的蜂群,结果表明:当工蜂面临有全同胞姐妹幼虫和半同胞姐妹幼虫选择饲喂时,工蜂会倾向饲喂全同胞姐妹幼虫。

3. 蜂群中工蜂监督

在许多社会性昆虫群体中,未交尾的工职(工蜂或工蚁)也能够产下发育成雄性个体的未受精卵,但它们所产的卵都会在孵化前就受到其他工蜂或工蚁的清理,甚至有些卵巢发育了的工蜂和工蚁还会受到其他卵巢未发育者的攻击,从而迫使发育了的卵巢退化。

工蜂监督是指工蜂通过某种行为或机制来限制其他工蜂产卵。大量研究表明:西方蜜蜂(*Apis mellifera*)、东方蜜蜂(*Apis cerana*)、小蜜蜂(*Apis florae*)、黄蜂(*Vespula vulgaris*)都存在工蜂监督现象。

从理论看,蜂群中可能存在工蜂监督,原因是工蜂与自己儿子(雄蜂)的亲缘关系指数($r=0.5$)比工蜂与蜂王的儿子(工蜂的兄弟——雄蜂)亲缘关系指数($r=0.25$)要大,显然就单个工蜂来说,在蜂群培育雄蜂时,工蜂更愿意自己产卵来培育雄蜂。但由于蜂群中存在蜂王一雌多雄交配特性,蜂群中有成千上万只工蜂,工蜂与其外甥的亲缘关系指数 $r=0.125+0.25/n$,其中 n 为蜂王交配的雄蜂只数。若蜂王是与单只雄蜂交配,工蜂与其外甥的亲缘关系指数($r=0.375$)仍然要比工蜂与蜂王的儿子亲缘关系指数($r=0.25$)更高;若蜂王是与 2 只雄蜂交配,工蜂与其外甥的亲缘关系指数($r=0.25$)和工蜂与蜂王的儿子亲缘关系指数($r=0.25$)相等;若蜂王是与 3 只以上雄蜂交配,工蜂与其外甥(其他工蜂之子)的亲缘关系指数($r=0.125+0.25/n$)要比工蜂与蜂王的儿子亲缘关系指数($r=0.25$)更低。因此在自然交配的蜂群中,由于是蜂王一雌多雄交配,这样工蜂更愿意用蜂王产的未受精卵来培育雄蜂,工蜂之间相互监督,不让其他工蜂产卵。这种工蜂产卵相互监督，降低了蜂群中工蜂"个体生殖"。工蜂产卵相互监督也是蜂群克服个体自私主义的最好例子。

在西方蜜蜂有王群体中，具有完全活化卵巢的工蜂非常少，有人曾经通过10 000只工蜂检查发现，只有一只工蜂体内的卵巢发育完全。然而，这么低的比率也会导致一定数量的工蜂产卵，因为一般蜜蜂蜂群中有约60 000只工蜂，如果每群蜂有6只产卵工蜂（每10 000只工蜂有1只活化卵巢），一只蜜蜂每天产10个卵，这样每天就有将近50只雄蜂培育，且全是工蜂的儿子。如果工蜂监督不存在，这就大大提高了雄蜂数量，降低了蜂群的整体效应，这也将会降低蜂王和未产卵工蜂的适应性，使群体崩溃等，这也与事实不相吻合。

在有优质蜂王的正常蜂群中，西方蜜蜂只有不到0.1%的工蜂卵巢得到充分发育，而东方蜜蜂有1%~5%的工蜂卵巢中有卵。当蜂群无蜂王时，西方蜜蜂有5%~24%工蜂卵巢得到充分发育并产发育成雄蜂的未受精卵，并在蜂王6~30d才开始产卵；而东方蜜蜂在失王2~3d后，工蜂就开始产卵，并且有72%工蜂卵巢得到发育。在有王群中，西方蜜蜂有3%~10%的雄性子脾，其中约有7%的雄性子脾是由工蜂产的未受精卵，然而只有0.1%的成年雄蜂是工蜂的后代。工蜂产的卵有如此低的存活率是由于工蜂产卵相互监督的结果。另外，将蜂王产的未受精卵和工蜂产的未受精卵同时移到雄蜂巢脾中，并把雄蜂巢脾介绍到蜂群的幼虫区域，结果发现：蜂王产的未受精卵被清理的数量明显比工蜂卵少。当卵介入6h后，有80%~90%的蜂王产的卵和25%~40%的工蜂卵留下，24h之后，所有的工蜂卵被清理，但蜂王产的卵还保留了50%~60%。因此得出结论工蜂卵的发育力比蜂王卵的发育力要低。

Ratnieks等把工蜂产的未受精卵和蜂王产的未受精卵都移入有王群中，98%~99%工蜂产的未受精卵被工蜂监督清除，而蜂王产的未受精卵只有37%~61%被工蜂监督清除，显著低于前者。在移入1h内，约有50%工蜂产的未受精卵被移除，在移入6h内，有90%工蜂产的未受精卵被移除，两种卵人工孵化率非常接近，这一结果支持了工蜂监督的假说。

Foster等应用微卫星DNA分析了9群中120只雄性个体，没发现工蜂后代。蜂群中虽然有4%工蜂卵巢得到发育，工蜂很可能在巢房中产了卵，但由于工蜂监督的作用，工蜂快速清除工蜂产的卵。Foster等认为：这是蜂群节约能量的一种非常有效的方法，因为若等到工蜂产的卵发育到幼虫或蛹期再来清除，显然会浪费蜂群中宝贵的食物资源。

谢宪兵等以中蜂为实验材料，分别解剖有王群和无王群内不同日龄工蜂的卵巢，分析它们的发育等级，并利用蜜蜂微卫星DNA技术分别检测蜂王单雄、双雄和多雄受精蜂群内的雄蜂是由蜂王产的未受精卵发育而来，还是由工蜂产的未受精卵发育而成。结果表明：在有王群和无王群中都有卵巢发育的工蜂，但无王群中工蜂卵巢发育等级明显弱于有王群；所有有王蜂群经微卫星DNA检测发现，雄蜂都是由蜂王产的未受精卵发育而成。这说明在人工授精和自然交尾的蜂群中，工蜂繁殖由于工蜂监督的存在而受到抑制。

Oldroyd等利用工蜂产卵发育成雄蜂的精液对蜂王进行人工授精，培育出一种特殊的蜂群，即无政府主义蜂群。无政府蜂群一个很大特点就是大大地提高了工蜂卵巢的活性，无政府主义有王群中将近3%~9%的工蜂有活化的卵巢，比正常有王群繁殖工蜂多得多。当工蜂卵被产下之后，他们并没有因为工蜂监督而被杀死，其中原因可能是工蜂监督在无政府主义蜜蜂蜂群中不存在，或发生了转移。还有可能就是无政府主义蜜蜂蜂群中工蜂卵不被监督。当把无政府主义无王群的工蜂卵转移到正常有王群中时，这些卵的清除效率和正常无王群工蜂卵的清除效率相似。而把无政府主义有王群中的工蜂卵转移到正常有王群中时，这些工蜂卵比正常无王群转移过来的工蜂卵清除要慢得多，且与自然蜂王卵清除率相似。这也说明无政府主义综合征的第二特点就是有王群中工蜂会产被其他工蜂接受的卵，很可能是化学成分模仿了蜂王卵。

工蜂要进行工蜂产卵监督行为，显然必须能辨别出蜂王产的未受精卵与工蜂产的未受精卵。工蜂是如何辨别出蜂王产的未受精卵与工蜂产的未受精卵，目前有两种学术观点，一是蜂王产的未受精卵可能带有标记信息素，而工蜂产的未受精卵却没有这种标记的信息素；二是认为蜂王产的未受精卵与工蜂产的未受精卵表面形态结构不同。

2003年Katzav-Gozansky等利用扫描电子显微镜研究了意蜂蜂王产的受精卵和未受精卵以及工蜂产的未受精卵超微结构，结果表明：3种卵的结构极为相似，仅有微小的差别。他们认为工蜂不可能利用卵的形态差异来区分蜂王产的未受精卵和工蜂产的未受精卵。他们还详细比较了这3种卵表面化学成分的差异，发现蜂王产的卵比工蜂产的卵更富含有烯烃类化合物和乙基醋酸酯。

2009年颜伟玉等以中蜂为实验材料，利用扫描电镜分别观察了中蜂3种卵（即蜂王产的受精卵、未受精卵以及工蜂产的未受精卵）的表面超微结构和大小，同时用气—质联用技术测定了0h和5h 3种卵的表面化学信息素成分。结果表明：中蜂3种卵表面均覆有六边形的结构，结构内充满小突起，3种卵的大小及表面超微结构无显著差异，工蜂不可能利用卵的形态来辨别蜂王产的卵与工蜂产的卵；蜂王产的卵表面化学信息素种类比工蜂产的卵更为丰富，C25∶1、C27∶2或C27∶1可能是蜂王产卵带有的标记化学信息素。

但到目前为止，蜂王产卵的标记信息素还没有完全确定。若准确找到蜂王产卵的标记信息素，工蜂产卵相互监督机理将会迎刃而解。

专题 8　中蜂雄蜂封盖子气孔结构

蜂巢是蜜蜂生活和繁殖后代的场所,由若干巢脾构成。而巢房是巢脾组成的基本单位,其巢房是工蜂通过其腹部蜡腺分泌蜂蜡为材料而筑造成的结构。巢房依功能分为:王台、工蜂巢房和雄蜂巢房。王台形状像杯状,开口朝下,体积和口径要比工蜂和雄蜂巢房大,位置随各种情况不一,常位于巢脾的下缘,它的功能就是用来培育处女王;工蜂巢房和雄蜂巢房为呈正六棱柱形,与相邻的 6 个巢房各自共用一个面;巢房的底由 3 个菱形面构成尖底,每个巢房和它对面 3 个巢房共用一个菱形面。这种构造最节省空间和材料,同时也是最牢固的,因此工蜂被誉为"天才建筑师"。工蜂巢房口径最小,但数量最多。东方蜜蜂工蜂房内径为 4.4~4.5mm,西方蜜蜂工蜂房为 5.3~5.4mm。一个标准东方蜜蜂的巢脾有工蜂房 7 400~7 600 个,西方蜜蜂为 6 600~6 800 个。工蜂巢房位置多处在巢脾上、中部,它的作用是用来培育新的工蜂、贮存蜂蜜和花粉;雄蜂巢房比工蜂巢房大,东方蜜蜂雄蜂房内径为 5.0~6.5mm,西方蜜蜂为 6.25~7.00mm,深度为 15~16mm。雄蜂巢房多位于巢脾下缘和两侧,功能是用来培育新的雄蜂和贮存蜂蜜。在工蜂巢房和雄蜂巢房或王台之间,还有一些不规则过渡型巢房,它们呈三角形、四边形和五边形等。

东方蜜蜂和西方蜜蜂是 2 个不同的独立蜂种,其雄蜂巢房不仅其表面正六边对角大小不同,而且雄蜂幼虫发育封盖后,东方蜜蜂雄蜂蛹封盖后会呈笠帽状,并带有气孔,而西方蜜蜂雄蜂蛹封盖子并没有这种气孔结构(图 8-1)。目前很难考证是谁第一个发现东方蜜蜂雄蜂蛹封盖子带有气孔。有文献记载:1907 年 Jacobson 在给昆虫学家 Buttll-Reepen 的信中提到东方蜜蜂雄蜂蛹封盖有气孔现象。1912 年 Buttll-Reepen 到印度尼西亚苏门答腊岛旅游时，也发现东方蜜蜂雄蜂蛹封盖子带有气孔结构。

 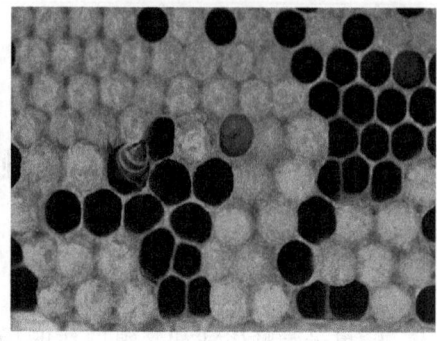

图 8-1　中华蜜蜂（左）与意大利蜜蜂（右）雄蜂封盖子

然而，东方蜜蜂雄蜂封盖子出现这种气孔的具体原因和机理不是非常清楚，也一直是学术界探索的问题。部分学者认为该气孔可能具有透气功能，与中华蜜蜂雄蜂发育有关，也可能与抗螨有关。有人曾提出：由于东方蜜蜂生活在炎热气候环境中，因此东方蜜蜂雄蜂蛹封盖气孔功能是改善蛹的通风作用。但有些西方蜜蜂生活在更炎热地区，显然这个假设不成立。Rath（1992）等到东方蜜蜂雄蜂幼虫茧衣一旦做好，就把巢房盖去掉，同时也把工蜂幼虫封盖也做同样的处理。结果表明：94.8%幼虫被工蜂清理掉，几乎没有雄蜂幼虫被重新封盖。然而87.2%工蜂幼虫重新被封盖。这可能是东方蜜蜂雄蜂幼虫释放外激素少，茧衣起到一个保护作用。同时也说明气孔对中华蜜蜂雄蜂发育至关重要。

早在1985年就有学者研究了东方蜜蜂雄蜂封盖子气孔形成过程及其结构，并发现用蜂蜡封盖东方蜜蜂雄蜂封盖子气孔时，巢房中雄蜂幼虫不能正常羽化出房，巢房雄蜂中幼虫变态延迟或停止。Free（1987）认为西方蜜蜂雄蜂房封盖和茧衣层结构舒松可以透气。近年来，曾志将教授及其团队系统研究了两蜂种蜜蜂巢房盖结构和透气性以及其气孔形成的过程。研究发现：中华蜜蜂工蜂封盖子的蜡盖透气性最好，其次是意大利蜜蜂雄蜂和工蜂封盖子的蜡盖，而中华蜜蜂雄蜂封盖子蜡盖的透气性最差，显著低于中华蜜蜂工蜂封盖子中蜡盖的透气性，这也是中华蜜蜂雄蜂封盖子会出现气孔而西方蜜蜂雄蜂封盖子不会出现气孔的主要原因。通过同样的方法比较了中华蜜蜂和意大利蜜蜂工蜂旧巢房壁和雄蜂旧巢房壁的透气性发现，这4种旧巢房壁的透气性之间差异不显著，但显著低于新的意大利蜜蜂雄蜂巢房壁。另外，两蜂种成熟蜂蜜封盖的透气性差异不大，这也可能与两蜂种蜜蜂采蜜、酿蜜、贮蜜基本特性一致有关。通过在500倍扫描电镜下发现：中华蜜蜂雄蜂封盖质地紧密，但中华蜜蜂工蜂封盖、意大利蜜蜂工蜂封盖和意大利蜜蜂雄蜂封盖结构更舒松，而且表面都有丝线结构，并且在意大利蜜蜂雄蜂的封盖扫描图中尤其明显（图8-2）。对上述4种旧巢房壁进行显微结构扫描发现，他们之间存在一定的结构差异，但新巢房壁的结构纹理更清晰。两种蜂种成熟蜂蜜的蜜盖显微结构有所差异，但表面都没有丝线结构。

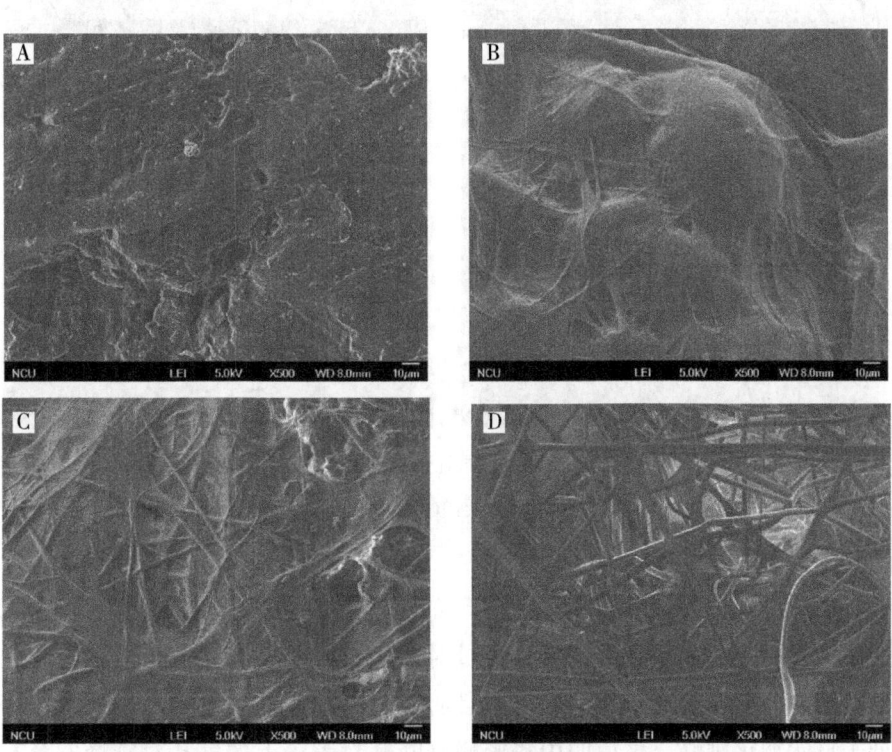

图8-2　中华蜜蜂和意大利蜜蜂雄蜂封盖的电镜扫描图（500×）
A：中华蜜蜂雄蜂；B：中华蜜蜂工蜂；C：意大利蜜蜂工蜂；D：意大利蜜蜂雄蜂

对中华蜜蜂雄蜂封盖气孔形成过程进行观察发现，在雄蜂巢房封盖的第1天并没有气孔；在封盖第2天和第3天时其已内层开始形成气孔，但外层仍然有蜂蜡封盖；封盖第 7 天，已形成外层气孔结构，呈笠帽状，表面光滑突出；封盖第 12 天，气孔结构更为明显。中蜂雄蜂封盖形成的外层气孔呈椭圆形，直径 0.4~0.5mm（图 8-3）。

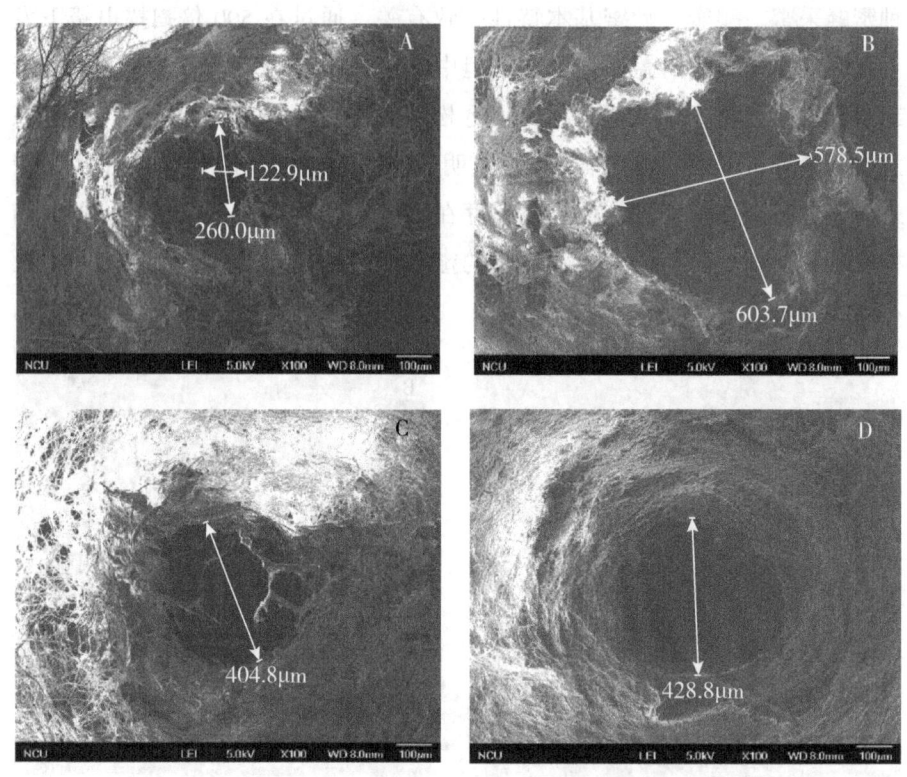

图 8-3　中华蜜蜂雄蜂封盖气孔形成过程电镜扫描图（100×）
A：封盖第 2 天；B：封盖第 3 天；C：封盖第 7 天；D：封盖第 12 天

虽然发现东方蜜蜂雄蜂蛹封盖子气孔结构有 100 多年历史，但人们对气孔生物学功能还不是十分清楚。通过对中华蜜蜂雄蜂封盖气孔进行封孔处理，其羽化率显著低于自然组，并且所培育雄蜂的初生重和右翅长都显著低于自然羽化雄蜂，这说明中华蜜蜂雄蜂蛹封盖子上的气孔对雄蜂发育有一定影响。同理，对意大利蜜蜂雄蜂进行开孔处理，其雄蜂羽化率也显著低于自然出房的雄蜂，但它们在初生中，右翅长，右翅宽，翅钩数等形态指标都差异不显著。有趣的是，将中华蜜蜂封盖 5 天后的雄蜂封盖子以及后期出现气孔的雄蜂封盖子转移到意大利蜜蜂蜂群中，其雄蜂的出房率均为 100%。同理，将意大利蜜蜂封盖 2d 的雄蜂封盖子进行开孔处理，并与未开孔的雄蜂封盖子一并转移至中华蜜蜂蜂群，其雄蜂的出房率也是 100%。然而，将中华蜜蜂和意大利蜜蜂未封盖的雄蜂幼虫进行交换时，雄蜂幼虫不能正常发育至封盖状态，全部被工蜂弃去。原因可能是中蜂幼虫和意蜂幼虫分泌的封盖信息素成分和含量不一致，致使工蜂能辨认出异蜂种幼虫并能及时移除。

专题9 中蜂与意蜂营养杂交及其机理

中华蜜蜂（中蜂）是东方蜜蜂指名亚种，也是我国主要饲养的本土蜂种，具有行动敏捷，嗅觉灵敏，善于发现和利用零星蜜粉源以及能在较低的温度出巢采集等特点，其抗蜂螨力强，但盗性强，分蜂性强，抗巢虫力弱以及抗囊状幼虫病能力弱。西方蜜蜂是相对中华蜜蜂的另外一个独立的蜂种，包括意大利蜜蜂（意蜂）、卡尼鄂拉蜂、欧洲黑蜂和高加索蜂等。其中意大利蜜蜂是我国主要饲养的西方蜜蜂品种，其体型较东方蜜蜂大，腹部细长，吻较长，性情温顺，育虫力强，分蜂性弱，但抗病力弱，食料消耗大。目前，中华蜜蜂和意大利蜜蜂已成为我国人工饲养的两大主要蜂种，但两者之间存在生殖隔离。

一、蜜蜂营养杂交

早在1957年，Ruttner对西方蜜蜂不同品种进行了营养杂交实验，即蜜蜂"无性杂交"，将甲品种的幼虫提供给乙品种进行饲喂，由甲品种的幼虫发育而成的蜜蜂会具有乙蜂种的遗传特性。如将西方蜜蜂中的意大利蜜蜂与高加索蜜蜂进行不同蜜蜂品种之间的营养杂交，其蜜蜂外部形态结构会有所改变。国内许多养蜂工作者利用我国同时具有大量饲养东方蜜蜂和西方蜜蜂的优势，先后进行过中蜂与意蜂之间的营养杂交实验，即蜜蜂种间营养杂交。当把中蜂幼虫放入意蜂蜂群中饲喂后，中蜂腹部出现了意蜂特有的2~3条浅黄环；同理当把意蜂幼虫放入中蜂蜂群中饲喂后，结果意蜂也具有中蜂某些体色特性。李淼生利用中蜂与意蜂营养杂交发现：杂交后的蜂王性成熟期缩短，并且培育出来的后代工蜂体色也有明显变化。中蜂与意蜂营养杂交所培育中蜂蜂王的卵巢管数也显著增加。之后，江西农业大学曾志将教授及其团队系统研究了中华蜜蜂与意大利蜜蜂营养杂交对蜜蜂形态、抗螨性能的影响以及其分子机理。用意蜂（蜂王浆）哺育中蜂幼虫，所培育工蜂的腹部颜色变黄、初生重增加，形态指标向意蜂形态指标靠近，并增强了中蜂对囊状幼虫病的抵抗能力。同理，用中蜂（蜂王浆）哺育意蜂幼虫，所培育工蜂的腹部颜色变黑、初生重下降，形态指标向中蜂形态指标靠近，并增强了意蜂的抗螨能力。营养杂交后会对后代工蜂苹果酸脱氢酶Ⅱ（MDHⅡ）产生影响，其基因型、基因型频率、基因频率、杂合度和纯合度都发生变化，MDH 条带位置朝着对方蜂种偏移。营养杂交会使亲本蜜蜂与子代蜜蜂的遗传相似系数变小，而且中蜂和意蜂的特有 DNA 条带也会发生转移，即营养杂交后，其后代蜜蜂在分子水平上有基因向着对方蜂种靠拢，而偏离原来蜂种。其主要原因是两个蜂种所分泌的蜂王浆存在本质区别，并且通过营养杂交影响着异种蜜蜂的基因表达，从而产生外部形态等方面的影响。

二、中蜂蜂王浆与意蜂蜂王浆差异

蜂王浆是 6~12 日龄工蜂王浆腺分泌的一种乳白色浆状物质，主要用于饲喂蜂王和小幼虫。然而，中蜂和意蜂是两个独立的蜂种，其分泌的蜂王浆存在本质的区别。它们在颜色、浓稠度、芳香气味和酸涩滋味等感官指标上具有明显差别，在水分、10-HDA、酸度、总糖、蛋白质和灰分等理化指标上也具有显著性差异。另外，两个蜂种所分泌的蜂王浆在核酸含量方面也存在明显区别。早在 1964 年就报道了意蜂王浆冻干粉中含有核酸，之后科研人员也在意蜂新鲜王浆中检测到 DNA。近年来，曾志将教授及其团队系统分析了两蜂种蜂王浆中的 DNA 和 RNA 含量，其中，同蜂种蜂王浆中 DNA 含量均显著低于 RNA 的含量，而且意蜂王浆中的 DNA 含量显著高于中蜂蜂王浆中的 DNA 的含量，但两蜂种蜂王浆之间的 RNA 含量差异不显著。用引物对两种蜜蜂蜂王浆 DNA 进行 RAPD 分析发现，同一引物在中蜂和意蜂蜂王浆 DNA 中有一部分相同的扩增条带，在一定的程度上说明中蜂和意蜂蜂王浆 DNA 之间具有一定的同源性；同一引物在同种蜜蜂的不同蜂王浆 DNA 样品中也得到不同的扩增条带，说明在同种蜜蜂的不同蜂王浆 DNA 样品之间存在差异性。另外，中蜂和意蜂蜂王浆 DNA 中没有种属特异性的扩增条带。

中蜂蜂王浆和意蜂蜂王浆 sRNA 长度分布存在显著差异（图 9-1）。sRNA 长度分布区间为 18~35nt，其中 miRNA 集中在 20~22nt，siRNA 集中在 24~26nt，piRNA 集中在 31~33nt。意蜂蜂王浆中 miRNAs 分布要比中蜂蜂王浆多，而中蜂蜂王浆 siRNAs 和 piRNAs 分布要比意蜂蜂王浆多。miRNAs 是蜂王浆 sRNA 的主要成分，石元元等在意蜂蜂王浆和中蜂蜂王浆分别检测到 69 种和 48 种已知 miRNAs，其中 46 种 miRNAs 在两种蜂王浆中都存在，23 种 miRNA 只存在意蜂蜂王浆中，另外 2 种只存在中蜂蜂王浆中（ame-mir-92a 和 ame-mir-379）。意蜂蜂王浆 miRNAs 平均表达水平高于中蜂蜂王浆 miRNAs 表达水平，与中蜂蜂王浆 miRNAs 表达水平相比，意蜂蜂王浆有 31 种表达上调 miRNAs，2 种表达下调 miRNAs，这些差异 miRNAs 与多个生物学过程密切相关。

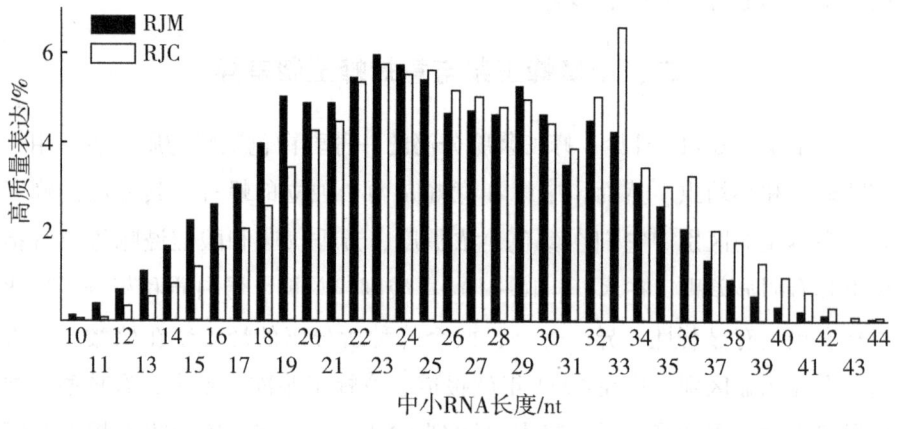

图 9-1　中蜂蜂王浆和意蜂蜂王浆中小 RNA 长度分布

三、中蜂与意蜂营养杂交机理

中蜂蜂王浆和意蜂蜂王浆在成分及含量等方面存在明显区别，这也是中蜂与意蜂进行营养杂交后会改变异种蜜蜂形态结构、抗螨性能等的重要原因。当分别用这两种不同的蜂王浆饲喂意蜂幼虫，对所培育蜂王头部进行转录组测序并将获得的原始 reads 与西方蜜蜂基因组序列比对，两组完全匹配 reads 差异不显著，但在唯一匹配 reads 中存在显著差异。将测序得到的数据与西方蜜蜂基因（去除了内含子和非编码区域）比对后，两组完全匹配 reads 和唯一匹配 reads 都差异显著。进一步对差异基因进行分析发现，与用中蜂蜂王浆饲喂幼虫所培育的蜂王（mRJC）相比，用意蜂蜂王浆饲喂幼虫所培育的蜂王（mRJM）有 439 个基因表达下调，179 个基因表达上调，这些差异表达基因与内吞作用、新陈代谢、细胞骨架的构成和 RNA 运输等生物学活动密切相关。在这些差异基因中，144 个基因（23.3%）是中蜂蜂王浆和意蜂蜂王浆特有 miRNA 的靶基因，这些靶基因和 miRNAs 并不是一一对应的，往往受到多种 miRNAs 共同调控。中蜂蜂王浆和意蜂蜂王浆所培育蜂王基因存在外显子跳跃（exon skipping）、内含子保留（intron retention）、5′端剪切位点（alternative 5′splice site）和 3′端剪切位点（alternative 3′splice site）4 种可变剪切。两种蜂王浆所培育蜂王在 4 种可变剪接的基因数目之间差异不显著，但在这 4 种可变剪接发生的事件之间存在显著性差异。通过饲喂中蜂蜂王浆，意蜂体内编码己酮糖激酶、山梨醇脱氢酶、羟戊二酸氧化酶和延胡索酸酶的基因都发生了可变剪接，进一步影响果糖，甘露糖代谢和三羧酸循环。通过饲喂意蜂蜂王浆，意蜂体内编码四氢叶酸脱氢酶和 NADH 脱氢酶 Fe-S 蛋白复合物的基因发生可变剪接，进而影响 ATP 合成。另外，通过饲喂异种蜂王浆，意蜂体内编码精氨酸，组氨酸和脯氨酸代谢的基因发生可变剪接，可能影响氨基酸代谢合成。此外，两种蜂王浆所培育蜂王中发生可变剪切的基因可以影响机体的新陈代谢、细胞骨架构成和 RNA 运输等生物学活动，与重要的信号通路、信号分子和信号蛋白密切相关。

Dynactin（dynein activator complex）是真核细胞中的多结构蛋白，其主要功能是附着纤维蛋白和动力蛋白，并将其转运至细胞器和泡囊。Dynactin p62 是 dynactin 蛋白的 3 个组成部分之一，位于末端，生成的 dynactin p62 siRNA 能有效干扰外源基因的表达，同时 dynactin p62 能识别并连接 ATP 水解酶，并调节其活性。dynactin p62 甲基化水平与雌性蜜蜂发育密切联系。意蜂 dynactin p62 共有 9 个外显子，14 个 CpG 双核苷酸发生甲基化反应。由于 CpG-1 和 CpG-2、CpG-11 和 CpG-12 位点相距太近，使用的 RNase A 内切酶无法单独测定每个位点的甲基化，因此 CpG-1 和 CpG-2 以及 CpG-11

和 CpG-12 位点分别一起测定甲基化（图 9-2）。中蜂 dynactin p62 共有 11 个外显子，15 个 CpG 双核苷酸发生甲基化反应。由于 CpG-2 和 CpG-3、CpG-7 和 CpG-8 位点相距太近，使用的 RNase A 内切酶无法单独测定每个位点的甲基化，因此 CpG-2 和 CpG-3 以及 CpG-7 和 CpG-8 位点分别一起测定甲基化（图 9-3）。

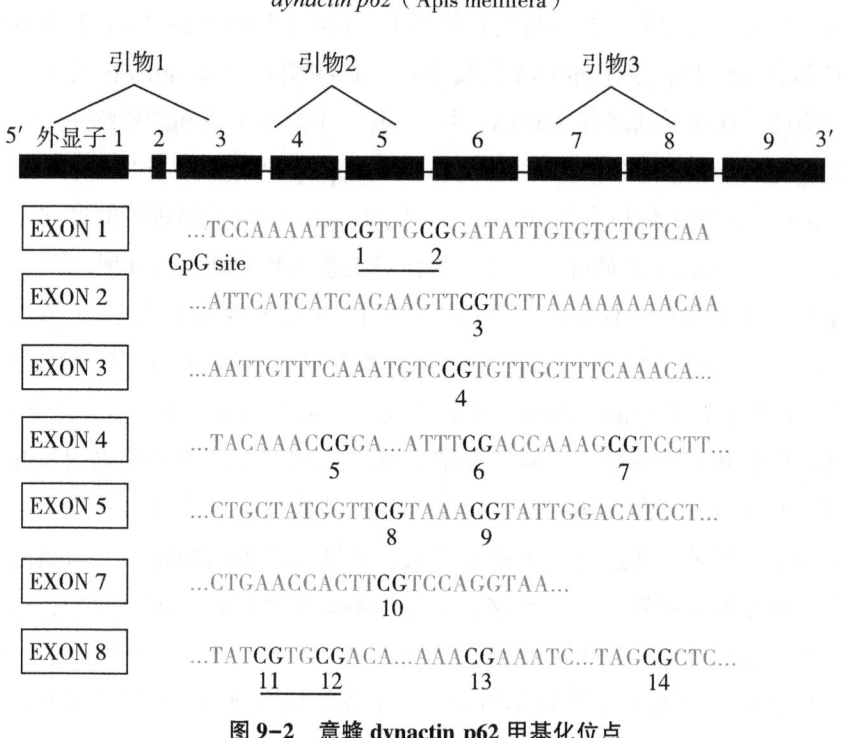

图 9-2　意蜂 dynactin p62 甲基化位点

用新鲜意蜂蜂王浆饲喂意蜂幼虫，其 3 日龄和 6 日龄幼虫体内 dynactin p62 基因整体甲基化水平分别是 49.4% 和 47.1%；但用新鲜中蜂蜂王浆饲喂意蜂幼虫，其 3 日龄和 6 日龄幼虫体内 dynactin p62 基因整体甲基化水平分别是 46.8% 和 45.0%。与饲喂意蜂蜂王浆相比，中蜂蜂王浆能显著降低 3 日龄和 6 日龄意蜂幼虫 dynactin p62 整体甲基化水平，而且饲喂同一种蜂王浆时，其 6 日龄幼虫 dynactin p62 整体甲基化水平显著低于 3 日龄（图 9-4）。用新鲜中蜂蜂王浆饲喂中蜂幼虫，其 3 日龄和 6 日龄 cRJC 幼虫体内

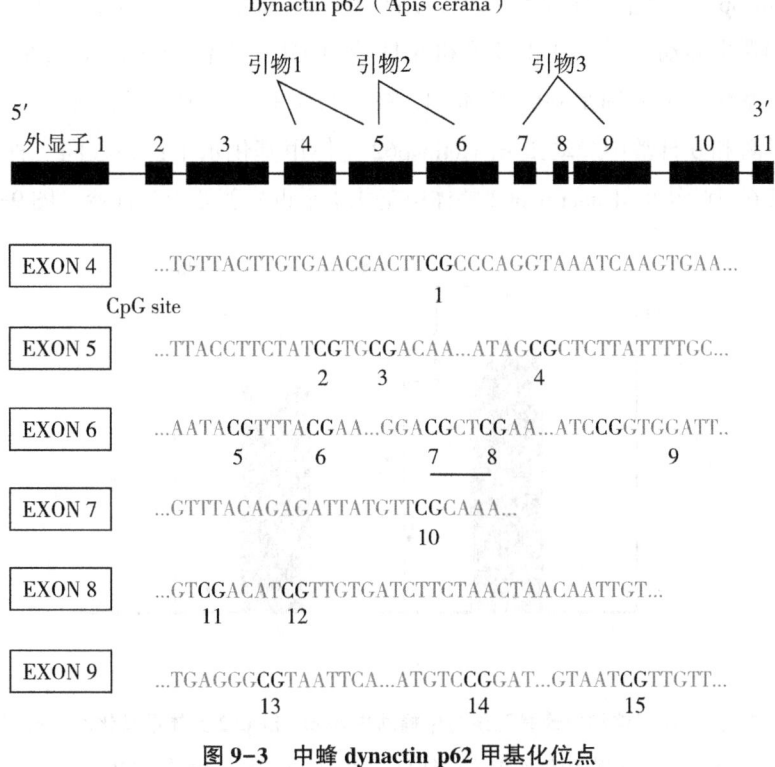

图 9-3 中蜂 dynactin p62 甲基化位点

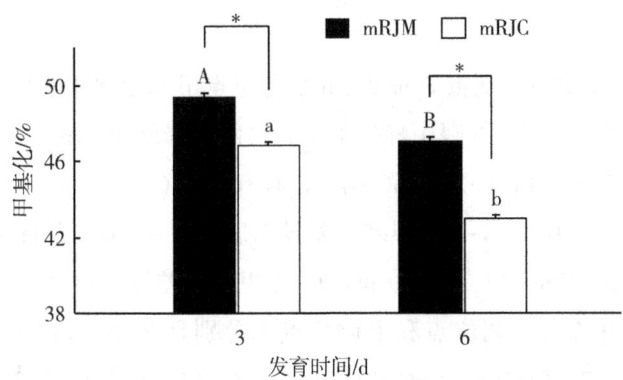

图 9-4 意蜂蜂王浆和中蜂蜂王浆对意蜂幼虫 dynactin p62 整体甲基化水平的影响

注:mRJM:饲喂意蜂浆的意蜂幼虫;mRJC:饲喂中蜂浆的意蜂幼虫。

不同大写字母表示不同日龄的 mRJM 在 5% 水平差异显著,不同小写字母表示不同日龄的 mRJC 在 5% 水平差异显著,*表示相同日龄的 mRJM 和 mRJC 在 5% 水平差异显著。下同。

dynactin p62 基因整体甲基化水平分别是 67.4% 和 60.0%；但用新鲜意蜂蜂王浆饲喂中蜂幼虫时，其 3 日龄和 6 日龄 cRJM 幼虫体内 dynactin p62 基因整体甲基化水平分别是 60.6% 和 51.7%。与中蜂浆对照，意蜂浆能显著降低 3 日龄和 6 日龄中蜂幼虫 dynactin p62 整体甲基化水平；饲喂同一种蜂王浆，其 6 日龄幼虫 dynactin p62 整体甲基化水平也显著低于 3 日龄（图 9-5）。

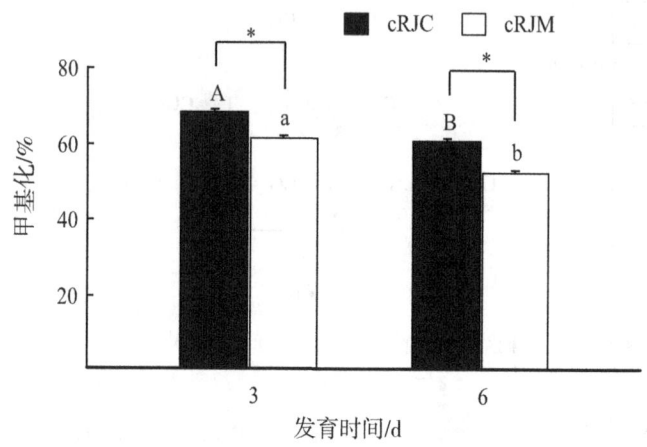

图 9-5 意蜂蜂王浆和中蜂蜂王浆对中蜂幼虫 dynactin p62 整体甲基化水平的影响

注：cRJC：饲喂中蜂浆的中蜂幼虫；cRJM：饲喂意蜂浆的中蜂幼虫。

2 种蜂王浆对意蜂幼虫 dynactin p62 各位点甲基化水平影响不同。以饲喂意蜂蜂王浆为对照，饲喂中蜂蜂王浆 3 日龄意蜂幼虫 dynactin p62 甲基化下调位点有 7 个（CpG-3、CpG-4、CpG-6、CpG-7、CpG-8、CpG-10、CpG-11，12，其中 CpG-8 的甲基化差异不显著），上调位点有 3 个（CpG-1，2、CpG-5、CpG-14，其中 CpG-1，2 甲基化差异不显著）；6 日龄幼虫 dynactin p62 甲基化下调位点和上调位点也分别是 7 个（CpG-3、CpG-4、CpG-6、CpG-7、CpG-8、CpG-11，12、CpG-14，其中 CpG-3 甲基化差异不显著）和 3 个（CpG-1，2、CpG-5、CpG-10），但下调和上调位点分布规律不尽相同。2 种蜂王浆对中蜂幼虫 dynactin p62 各位点甲基化水平影响不同。以饲喂中蜂蜂王浆为对照，饲喂意蜂蜂王浆 3 日龄幼虫 dynactin p62 甲基化下调位点有 8 个（CpG-2，3、CpG-4、CpG-5、CpG-7，8、CpG-10、CpG-13、CpG-14、CpG-15），上调位点有 3 个（CpG-1、CpG-9、

CpG-12，其中 CpG-12 甲基化差异不显著）；6 日龄幼虫 dynactin p62 甲基化下调位点和上调位点也分别是 8 个（CpG-1、CpG-2，3、CpG-4、CpG-5、CpG-7，8、CpG-10、CpG-14、CpG-15，其中 CpG-1 和 CpG-15 甲基化差异不显著）和 3 个（CpG-9、CpG-12、CpG-13，其中 CpG-9 和 CpG-12 甲基化差异不显著），同样下调和上调位点分布规律不完全相同。

专题10 中蜂转录组与遗传图谱

一、中蜂转录组

中华蜜蜂（*Apis cerana cerana*，简称中蜂）是东方蜜蜂（*Apis cerana*）的指名亚种，在中国大部分省份均有分布。中华蜜蜂嗅觉敏锐，动作敏捷，耐冷耐热能力强，善于利用冬季南方零散分布的蜜源植物，不采集树胶，封盖子为干型封盖；中华蜜蜂拥有较强的抗螨、抗美洲幼虫病和抗白垩病能力，较弱的抗囊状幼虫病和蜡螟能力；相比西方蜜蜂，中华蜜蜂表演更多的清洁舞蹈，工蜂在蜂群巢门口扇风时，头朝外，由外向内扇风；蜂群分蜂性强，一般维持1.5万~3.5万只工蜂，当蜂群缺乏蜜源、受到病敌害侵袭或蜂巢内环境不适时，蜂王节制产卵，蜂群容易弃巢飞逃。

中华蜜蜂有3 000多年的家养历史，引人关注的事实是：自1896年中国引进西方蜜蜂100多年以来，中蜂分布区域缩小了75%以上，种群数量减少了80%以上，使山林植物授粉总量减少，导致生物多样性降低。国家林草局主持编制的《全国野生动植物及其栖息地保护总体规划》已将中蜂列为拯救保护物种之一。

转录组（Transcriptome）即一个活细胞所能转录出来的所有RNA（主要是mRNA）的总和，包括信使RNA、核糖体RNA、转运RNA及非编码RNA。转录组测序是研究细胞表型和功能的一个重要手段。Wang等分别取工蜂幼虫、工蜂蛹、刚羽化工蜂、哺育蜂和采集蜂各5只，分别提取总RNA，然后合并为一个样品进行转录组测序。通过测序，获得了51 581 510条clean reads，对应4.64 Gb核苷酸。这些reads组装成46 999个unigene，平均长度 676bp。基于 5 个数据库（NR、Swiss-Prot、GO、KEGG 和 COG）用 Blastx 进行相似性比对（E 值<10^{-5}），共有 24 630 个 unigene 被注释。将获得的转录组数据作为参考数据库，用 DGE 方法分析比较中华蜜蜂蜂王和工蜂的基因表达差异。分别从蜂王和工蜂中获得 5 962 735 和 5 663 952 个标签。检测到 414 个基因有表达差异，蜂王与工蜂相比，有 189 个基因上调表达，225 个基因下调表达。选择了 10 个差异表达的 unigene，用 qRT-PCR 验证了在蜂王和工蜂中的表达，结果显示这些基因的 qRT-PCR 结果与 DGE 数据相符合。

二、中蜂遗传图谱

遗传图谱（genetic map）又称连锁图谱或遗传连锁图谱，是指基因或 DNA 标记在染色体上相对位置与遗传距离，即以基因间交换值为依据，确立基因在染色体上相对位置。如果同一条染色体上的两个基因相对距离越长，那么他们减数分裂发生重组的概率将越大。因此可以根据他们后代性状的分离判断他们的交换率，也就可以判断它们在遗传图谱上的相对距离。构建出饱和度高、覆盖面广的遗传图谱是进行数量性状位点（QTL）定位的前提。遗传图谱是通过计算连锁的遗传标记之间的重组频率，确定他们的相对距离，一般用厘摩（cM，即每次减数分裂的重组频率为 1%，约 1 百万 bp）来表示。

遗传标记是用于遗传连锁分析的基因型便于判别的一类标记，有较高的遗传性和识别性。随着分子生物学和遗传学的发展，遗传标记基本包括以下 5 种类型：形态学类遗传标记、细胞生物学类遗传标记、生物化学类遗传标记、免疫学类遗传标记和分子生物学类遗传标记。分子生物学类遗传标记主要包括：限制性片段长度多态性标记（RFLP）；随机扩增多态性脱氧核苷酸分子标记（Random amplification polymorphism DNA，RAPD）、简单重复序列脱氧核糖核苷酸分子标记（Simple sequence repeat，SSR）和微卫星脱氧核糖核苷酸分子标记（Microsatellite）；扩增片段长度多态性脱氧核糖核苷酸分子标记（Amplified fragment length polymorphism，AFLP）；单核苷酸多态性（Single nucleotide polymorphism，SNP）为基础的 DNA 分子标记等。

遗传连锁图谱构建的一般过程包含以下部分：选择适用于构建连锁图谱的亲本群体组合；建立拥有丰富遗传标记信息的家系组合或分离群体；选择大量的适当的遗传分子标记；判断家系中不同家族成员的遗传标记基因型；对遗传标记的基因型判别数据进行连锁性分析和整合，构建正确的连锁图谱。

1995年Hunt等运用RAPD标记技术构建了西方蜜蜂遗传图谱，长度是3 110cM，图谱上标记之间的平均间距为9.1cM。2004年Solignac等用microsatellite技术构建西方蜜蜂第二张遗传图谱，长度是4 061cM，平均长度是300kb，标记间的平均间距是7.5cM。

石元元以中华蜜蜂（*Apis cerana cerana*，简称中蜂）为实验材料构建了东方蜜蜂（*Apis cerana*）遗传家系，并利用单核苷酸多态性（SNPs）技术判定了102只工蜂的126 990个位点的基因型。在去除低质量和不符合孟德尔遗传规律的位点后，实验共得到3 000个候选SNPs位点，最后选取1 535个SNPs标记构建了东方蜜蜂的第一张遗传图谱。东方蜜蜂遗传图谱包含1 535个遗传标记和16个连锁群，其总的遗传距离是3 942.7cM，最大连锁群的长度是574.5cM（包含180个标记），相邻标记间的平均遗传距离是2.6cM。3个较短连锁群长度分布是134.5~163.2cM，标记个数是57~69个；其余13个较长连锁群的长度分布是190.3~574.5cM，标记个数是62~180个。标记密度最高的两个连锁群是group 7和group 14，密度都是2.1cM；标记密度最低的两个连锁群是group 1和group 8，密度分别是3.2cM和3.4cM。与西方蜜蜂（*Apis mellifera*）的遗传图谱相似，东方蜜蜂遗传图谱也具有较高的遗传重组率（17.4cM/Mb）。

东方蜜蜂和西方蜜蜂遗传图谱均包含16个遗传连锁群，标记数分别是1 535个和2 008个，相邻标记间的平均遗传距离分别是2.6cM和2.0cM。东方蜜蜂遗传图谱总长度略短于西方蜜蜂图谱长度（4 114.5cM）。东方蜜蜂遗传连锁图谱和西方蜜蜂遗传图谱的最大连锁群分别包含180个和273个遗传标记，遗传距离分别是574.5cM和575.9cM；最小连锁群分别包含58个和83个遗传标记，遗传距离分别是134.5cM和138.0cM（表10-1）。

表 10-1 东方/西方蜜蜂遗传连锁群的长度和标记数　　（单位：cM）

位置	A. cerana	A. mellifera
LG01	574.5（180）	575.9（273）
LG02	315.9（115）	321.9（143）
LG03	276.2（109）	276.9（137）
LG04	295.2（128）	290.9（115）
LG05	267.0（88）	263.5（121）
LG06	298.5（131）	305.7（139）
LG07	240.5（114）	237.9（117）
LG08	212.1（62）	224.3（112）
LG09	205.1（96）	220.3（105）
LG010	217.5（91）	232.5（124）
LG011	208.5（81）	223.4（125）
LG012	195.3（66）	219.3（100）
LG013	163.2（57）	197.7（95）
LG014	190.3（90）	208.1（107）
LG015	148.4（69）	184.0（112）
LG016	134.5（58）	138.0（83）

专题 11　不同蜂种间工蜂咽下腺转录差异比较

一、东方蜜蜂与西方蜜蜂咽下腺形态差异

东方蜜蜂和西方蜜蜂为蜜蜂属两个不同的蜂种，两者在外部形态、采集习性、抗螨能力、泌浆能力、分蜂性等方面均具有很大的差异。东方蜜蜂产浆能力弱，西方蜜蜂产浆能力强，是中蜂的 15~30 倍。蜂王浆（royal jelly）是 5~15 日龄青年工蜂咽下腺和上颚腺分泌的浆状物，具有调节生长发育，提高免疫力、抗菌、抗疲劳、抗氧化等功效。咽下腺是一对位于蜜蜂头部、由许多呈葡萄状腺泡组成的腺体。两条腺体的分泌管一端游离，另一端分别通于口片两侧。主要功能是合成并分泌蜂王浆饲喂蜂王和 3 日龄内小幼虫。咽下腺的功能及分泌活性与日龄相关，刚羽化的工蜂咽下腺形态细小且发育不完全（出房蜂），腺泡较小，活性较低。6~12 日龄时期咽下腺腺泡饱满，合成并分泌蜂王浆，分泌活性达到最高峰（哺育蜂）。外出采集时期咽下腺逐渐退化，分泌 α-葡萄糖苷酶、淀粉酶和葡萄糖氧化酶等酶类（采集蜂）。有研究者将咽下腺的发育程度作为蜂群中工蜂的分工标准。

东方蜜蜂与西方蜜蜂王浆产量差异很大，其主要原因在于咽下腺发育程度及分泌活性的差异。中华蜜蜂（中蜂）咽下腺长度为 8~10mm，腺体小体数目为 320~340 粒/条。意大利蜜蜂（意蜂）咽下腺长度为 11~13mm，腺体小体数目为 520~540 粒/条。曾志将等对意蜂和中蜂不同发育阶段咽下腺进行形态研究，发现同一蜂种不同发育阶段，咽下腺平均宽度差异显著；相同发育阶段，意蜂咽下腺平均长度和腺泡数量显著高于中蜂（表 11-1）。

表 11-1 意大利蜜蜂与中华蜜蜂不同发育阶段咽下腺形态差异

(单位：mm)

工蜂	腺泡数（个）		平均长度		平均宽度	
	意蜂	中蜂	意蜂	中蜂	意蜂	中蜂
出房蜂	527	325	12.34	8.99	0.32	0.34
哺育蜂	541	340	12.41	9.10	0.53	0.49
采集蜂	527	324	12.27	9.03	0.33	0.36

二、咽下腺发育程度与蜂王浆分泌活性的影响因素

影响咽下腺发育程度及蜂王浆分泌活性的因素有很多，国内外学者对此做了广泛研究。例如匡云华发现蜂群在 30~35℃温度下咽下腺泌浆活性最好。虽然越冬工蜂咽下腺在整个冬季腺泡饱满，但没有分泌活性。同时，哺育蜂必须受到幼虫刺激才会分泌蜂王浆；当蜂群失王或蜂群内哺育蜂不足时，有一部分咽下腺已退化的采集蜂会重新回到巢内工作，且咽下腺重新发育。此外，工蜂咽下腺的影响因素还有食物的摄入及体内保幼激素的含量等。

使用蛋白质组学分析了意大利蜜蜂咽下腺发育过程中的蛋白质变化。在第 1、第 3、第 6、第 12、第 15、第 20 天，分别鉴定出 87 个、76 个、85 个、74 个、71 个和 55 个蛋白。这些蛋白包括王浆主蛋白（MRJPs），以及与碳水化合物、脂质和蛋白质的代谢、细胞骨架、发育调节、抗氧化剂、转录/翻译调节、分子转运等相关的蛋白。最有趣的是在新出现的工蜂的咽下腺中检测到 MRJP。通过对 MRJP1、2 和 3 的 western blot 分析验证了 MRJP 的表达在 6~12d 处于峰值水平。此外，在咽下腺的生化网络中发现了 35 种关键节点蛋白。

对王浆高产蜜蜂（浆蜂）和原种意大利蜜蜂（原意）1、3、6 日龄工蜂咽下腺进行蛋白质组研究。发现从工蜂羽化到 6 日龄这一阶段内，浆蜂咽下腺蛋白表达明显比原意活跃，6 日龄是 2 种蜂表达最为活跃的阶段。且两种蜂咽下腺发育过程中的共有蛋白为咽下腺发育所必需的管家蛋白，但它们的表达模式在两种蜂之间存在较大差异。

使用蛋白质组学与电子显微镜、western blot 和实时荧光定量 PCR (qRT-PCR)，比较了王浆高产蜜蜂（RJb）和非选育蜜蜂（ITb）的咽下腺

小体的大小、王浆产量和蛋白质表达差异。发现随着工蜂的行为从哺育幼虫转变为促进花蜜成熟、觅食和储存活动时，两种蜜蜂的咽下腺小体和蛋白质表达表现出年龄依赖性变化。电镜分析显示，RJb 品种的咽下腺小体直径大，生产的蜂王浆是 ITb 品种的 5 倍，表明蜂王浆产量与咽下腺小体大小之间存在正相关。此外，蛋白质组学分析显示，RJb 明显上调了一大批参与碳水化合物代谢和能量生产的蛋白。

对卡尼鄂拉蜂 5 个不同日龄工蜂咽下腺进行转录组测序分析，借此寻找与咽下腺发育相关的差异表达基因，研究发现了一系列与碳水化合物、脂质和蛋白质的新陈代谢、细胞骨架、抗氧化活性和发育调控等相关的基因。

利用 Solexa 平台的数字基因表达谱（Digital Gene Expression Profiling, DGE）技术分析中华蜜蜂和意大利蜜蜂不同发育阶段咽下腺（出房、哺育和采集）中 mRNAs 的表达差异。通过 DGE 测序分析，分别从意蜂出房、哺育和采集 3 个发育阶段咽下腺文库中检测到 3 564 493 个、3 551 143 个和 4 811 364 个 clean tags。哺育蜂与出房蜂、采集蜂与哺育蜂和采集蜂与出房蜂 3 组对比数据中，分别有 279 个、614 个和 1 419 个差异表达基因（Differentially Expressed Genes, DEGs），总共 1 482 个；中蜂出房、哺育和采集 3 个发育阶段咽下腺中分别检测到 2 441 553 个、2 421 403 个和 2 709 506 个 clean tags，哺育蜂与出房蜂、采集蜂与哺育蜂和采集蜂与出房蜂 3 组对比数据中，分别有 1 209 个、103 个和 331 个 DEGs，总共 1 313 个。研究发现中蜂和意蜂中大部分 DEGs 的表达量都随时间推移而降低。此外，对中、意蜂间相同发育阶段咽下腺（出房、哺育和采集）中基因表达量进行对比分析，分别有 623 个、1 072 个和 462 个 DEGs，总共 1 417 个，其中于意蜂中表达上调的基因数分别为 509 个、981 个和 182 个，表达下调的基因数分别为 114 个、91 个和 280 个。研究结果表明 mRNAs 在蜜蜂咽下腺发育和蜂王浆分泌过程中很可能都发挥了重要作用。

运用实时荧光定量 PCR（q-PCR）技术对意蜂 3 个发育阶段咽下腺（哺育、采集和逆转哺育）中 SV2C、PDK1、eIF-4E、CGNP、IMP 和 TGF-βR1 6 个基因进行表达差异分析，结果表明 SV2C 可能参与调控咽下腺蜂王浆分泌活性，eIF-4E、CGNP、IMP 和 TGF-βR1 可能与咽下腺发育相关，而 PDK1 可能与咽下腺寿命相关。

专题 12　蜜蜂级型分化机理

蜜蜂级型分化是指在蜜蜂群体中，相同性别个体具有不同形态结构、职能和行为的现象。蜂王和工蜂由相同遗传背景的受精卵发育而来。由于发育过程中获得的食物和空间差异，使两者不仅在体型外貌上差异巨大，而且在生殖能力、寿命和行为等方面迥然不同。蜜蜂级型分化是环境因素诱导的典型表观遗传学现象。

一、营养因素对蜜蜂级型分化的影响

幼虫期的营养差异是引起蜜蜂级型分化的重要因素。有学者认为蜜蜂幼虫的食物主要包含 3 种成分：白色、透明状和黄色组分。白色组来自哺育蜂的上颚腺分泌物；透明状组分来自哺育蜂下颚腺分泌物；黄色组分主要来自花粉。工蜂幼虫前 3d 采食的是工蜂浆，3d 后则改为采食蜂蜜和花粉混合物；蜂王幼虫采食的是蜂王浆。在食物的数量上，蜂王幼虫获得的食物要远远高于工蜂幼虫。蜂王浆与工蜂浆在糖类、维生素、脂类、蛋白质、氨基酸、激素和核酸均存在较大差异。例如，蜂王浆中糖含量高达 34%，而工蜂浆糖含量仅为 12%。研究表明糖含量是影响蜂王发育的关键物质。蜂王浆中的王浆主蛋白 1 在蜜蜂级型分化中也具有重要作用。而蜂粮中富含双香豆酸可抑制幼虫发育成蜂王。此外，蜂王浆和工蜂浆的核酸物质也存在较大差异，其中 miRNA 存在明显差异，且其中 miR-184 可影响蜜蜂的级型分化。花粉中的植物性 miRNA 分子也会通过蜂粮，调控蜜蜂级型分化。

两种不同营养水平的食物，使得蜂王和工蜂幼虫在发育程度和发育速度上存在较大差异（图 12-1）。工蜂幼虫从一日龄的 (0.36 ± 0.008) mg/只极速增长到 (131.44 ± 18.7) mg/只（约 4.5 天），封盖后达到 (159.66 ± 12.91) mg/

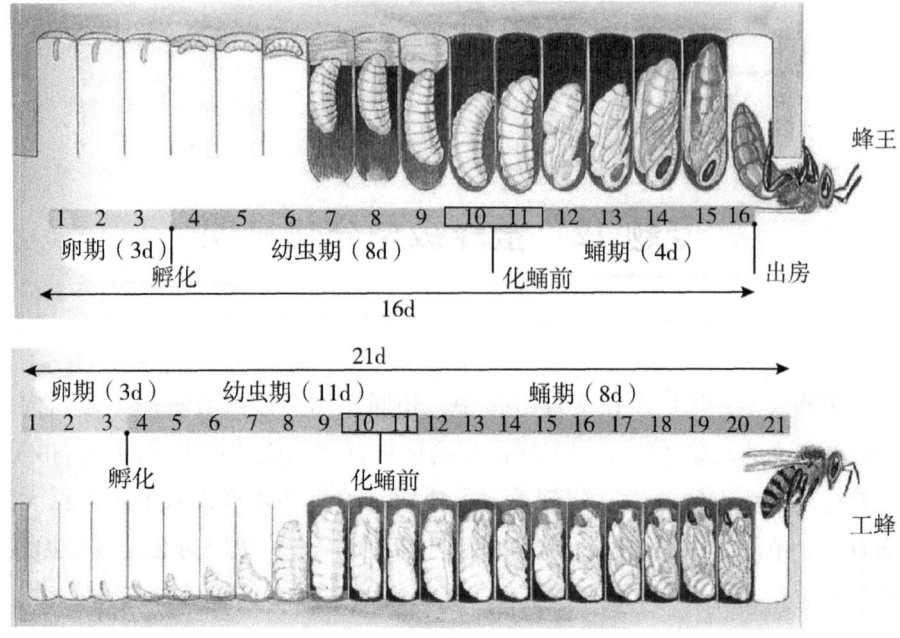

图 12-1 蜂王与工蜂的发育

只，而蜂王幼虫则从相同重量的幼虫急速增长到 300mg 以上（6日龄），羽化出房后体重是工蜂的 2~3 倍。因此，这些营养差异对蜜蜂级型分化起着决定性作用。

二、空间因素对蜜蜂级型分化的影响

蜜蜂蜂王和工蜂由结构不同的巢房发育而来。蜂王从王台发育而来，为圆杯状，台口朝下，内径约为 9.8mm；工蜂则从工蜂巢房发育而来，为正六边柱体，柱体保持水平，巢口略向上倾斜 13°，内径约为 5.2mm。因此，王台的容积显著大于工蜂巢房。当给予幼虫相同的营养条件，随着发育空间的增大，幼虫头部 DNA 甲基化转移酶 3 的酶活性、信使 mRNA 相对表达量、dynactin p62 基因的甲基化水平均显著降低，幼虫发育为蜂王的比例升高，表明发育空间也会影响级型分化。

三、母体效应对蜜蜂级型分化的影响

母体效应是动物界普遍存在的一种现象，是指母亲对后代生活环境和性能的影响。研究表明，蜜蜂蜂王在王台中产的受精卵显著大于其在工蜂巢房中的受精卵。由王台中受精卵发育而来的蜂王其初生重、胸长胸宽和卵巢管数均明显优于工蜂巢房受精卵发育而来的蜂王。这些结果揭示了蜜蜂的母体效应也可以影响蜜蜂的级型分化。

四、蜜蜂级型分化的调控机制

（一）激素的调控作用

在蜜蜂级型分化过程中，保幼激素和蜕皮激素起着重要的调节作用。保幼激素由蜜蜂咽侧体合成与分泌，可以调控脂肪体内的卵黄原蛋白基因的表达，提高卵黄原蛋白的合成。蜜蜂蜂王幼虫保幼激素的含量显著高于工蜂幼虫。切除蜜蜂咽侧体进一步证实了保幼激素在蜜蜂级型分化中的关键调控作用。保幼激素还可以作用于蜜蜂体内 DNA 的合成与细胞凋亡，调控级型分化，特别是调控卵巢发育。保幼激素还可以通过调控胰岛素信号通路和卵黄原蛋白基因，控制蜂王的寿命，使其显著高于工蜂。因此，保幼激素对蜜蜂级型分化起着关键作用。保幼激素在蜜蜂幼虫时期维持幼虫状态，在变态期与蜕皮激素协同调控蜜蜂的变态发育。因此，蜕皮激素也在蜜蜂级型分化较晚期发挥作用，并在蜂王和工蜂发育期呈现不同的波动趋势。蜂王幼虫体内的蜕皮激素浓度显著高于工蜂幼虫，随后两者均下降。蜂王幼虫和工蜂幼虫咽侧体大小和活力差异直接影响它们体内保幼激素和蜕皮激素的浓度，从而影响其个体生长发育。保幼激素还能调节蜜蜂年龄相关的劳动分工。

（二）基因和信号通路调控作用

大量研究表明，关键基因的差异表达是蜜蜂级型分化的重要调控因素。蜂王和工蜂在各个发育阶段均存在成百上千个差异表达的基因。例如，2 日龄蜂王和工蜂幼虫存在数百个差异表达基因，而 4 日龄时可高达 4 500 余个；而刚羽化出房的蜂王和工蜂之间差异表达基因数量也可超过 2 000 个。同时，研究发现，蜜蜂蜂王和工蜂的组织和器官也存在大量的差异表达基因。蜂王大脑的基因表达与工蜂存在 1 760 个差异表达基因；即使在 5 日龄蜂王和工蜂幼虫卵巢中，仍能检测到 56 个差异表达基因，参与调控蜂王和工蜂的卵巢发育。

一些关键的基因和信号通路已被证实在蜜蜂级型分化中起着关键调控作用。例如，保幼激素酯酶（Juvenile hormone estearase）、卵黄原蛋白（Vitellogenin）、DNA甲基化转移酶3（DNA methyltransferase 3）和王浆主蛋白家族基因（Major royal jelly proteins）均参与调控蜜蜂的级型分化。昆虫储运蛋白家族（Hexamerin，Hexamerin70a，Hexamerin70b，Hexamerin110）在蜜蜂级型分化中起到调控卵巢发育的重要作用。在关键的信号通路方面，mTOR、IIS、FoXO、Notch、MAPK、Wnt、Hippo、TGF-beta、EGFR、Hedgehog等均被证实参与蜜蜂级型分化的调控过程。其中mTOR、IIS等信号通路在级型分化中起重要作用，而Notch信号通路则参与蜜蜂卵巢发育调控。

更为有趣的是，一个基因通过不同的可变剪切，可形成不同的转录本，而不同转录本可以翻译成不同的蛋白质，进而产生不同的生物学功能。曾志将教授团队研究发现，60%以上的蜜蜂基因存在至少一个以上不同的转录本，且这些转录本由一个精细复杂的可变剪切系统通过多种剪切形式共同剪切而成。蜜蜂蜂王和工蜂在级型分化中，转录本的差异表达与基因的差异表达存在较大的差异。与差异基因相比，有更多的差异转录本富集到了更多调控蜜蜂级型分化的关键通路中。这些结果揭示了蜜蜂级型分化过程的RNA加工和修饰是非常复杂的。

（三）表观遗传修饰调控作用

蜜蜂级型分化是一个由环境因素引起的典型表观遗传现象。大量研究表明，多重表观遗传修饰参与蜜蜂级型分化调控。其中，DNA甲基化、组蛋白乙酰化、miRNA、lncRNA、转录本的Poly（A）尾修饰、染色体空间构象、染色体可及性和RNA水平的m6A甲基化修饰等表观修饰均可参与蜜蜂级型分化过程中的基因表达调控。

最早发现调控蜜蜂级型分化的表观遗传修饰是DNA甲基化。Wang等发现蜜蜂体内有3种甲基化酶（Dnmt1、Dnmt2和Dnmt3）。Schaefer等发现蜜蜂基因组中的CpG岛分为"high-CpG"和"low-CpG"。low-CpG与细胞代谢、核酸加工有关；而high-CpG参与生物体的个体发育。Kucharski等（2008）发现蜜蜂级型分化与DNA甲基化有关，通过RNA干扰蜜蜂的Dnmt3基因，可诱导蜜蜂幼虫发育成蜂王。石元元等发现蜂王在发育期的全基因组 DNA 甲基化水平明显低于工蜂。同时发现幼虫的发育空间会影响蜜蜂的 DNA 甲基化水平。随着幼虫发育空间的增加，幼虫头部 Dnmt3 酶活性、Dnmt3 mRNA 相对表达和 dynactin p62 基因整体甲基化水平呈下降趋势，雌性幼虫朝着蜂王的方向发育。然而，近年来，有多项研究认为 DNA 甲基化可能并不参与蜜蜂级型分化的调控。

随后科研人员证实了 microRNA 和 LncRNA 等非编码 RNA 分子均参与调控蜂王和工蜂的级型分化。在 4 日龄蜂王和工蜂幼虫体内，存在 61 个差异的 miRNA，并且这些 miRNA 参与调控多个级型分化相关的信号通路基因表达。更有趣的是工蜂浆和蜂王浆中也存在较大差异，且 miR-184 等关键 miRNA 被证实参与调控蜜蜂级型分化。而蜂粮的花粉中也含有许多植物性 miRNA，可以延迟蜜蜂幼虫的发育，并使蜜蜂的体型和卵巢变小。长链的 LncRNA 也可能参与调控蜜蜂的级型分化，可对蜜蜂幼虫组织发育和神经发育过程进行调控。

组蛋白乙酰化作为一种重要的表观遗传修饰，也广泛参与蜜蜂的级型分化调控。Spannhoff 等利用 3 个细胞报告系统初步证明了蜂王浆中 10-HDA 有抑制 HDACi（组蛋白去乙酰化酶）活性，促进组蛋白及非组蛋白的乙酰化修饰，从而在转录和翻译后修饰水平进行调控，并推测在蜂王和工蜂级型分化中起作用。Wojciechowski 等人发现组蛋白乙酰化修饰参与调控蜜蜂级型分化，其中 H3K27ac 修饰起主要调控作用。

最新的研究发现，染色体空间构象、染色体可及性、RNA 上的 m6A 甲基化修饰和转录本上的 Poly（A）尾长度均参与调控蜜蜂的级型分化。曾志将教授团队通过多组学联合分析，揭示了蜜蜂级型分化是一个由多组学共同调控的结果。2 日龄蜂王幼虫和工蜂幼虫染色体 Hi-C（染色体内 Cis 和染色体间 Trans）互作无显著差异，而 4 日龄蜂王幼虫在染色体内互作更强，工蜂幼虫则在染色体间互作更强。Hi-C、ATAC-seq、ChIP-seq 结果都与 RNA-seq 结果呈正相关，且 4 日龄蜂王幼虫比 2 日龄幼虫有更多的差异基因，这些基因主要与级型分化相关。蜜蜂级型分化是通过复杂的多组学互作来调控，在幼虫发育早期，表观遗传修饰较少，且较低程度地参与调控基因表达，因此 2 日龄幼虫发育具可塑性；但到幼虫发育关键期，表观遗传修饰变化加剧，且多种表观遗传修饰通过协同互作，特别是与级型分化关键基因受到表观修饰多重调控，因此 4 日龄幼虫发育则不可逆。因此提出了表观遗传修饰能根据生物体发育状态，自动启动自身的表观遗传调控程序，进而调控生物体发育的新理论。

专题 13　蜂群中的化学通讯

蜜蜂作为一种真社会性昆虫，是一个高度社会化的群体，具有丰富的社会行为和精细的社会分工。蜜蜂个体之间能密切合作且有秩序地工作，来适应多变的环境和繁殖后代，因此个体之间必须有信息交流。大量研究表明，蜜蜂在黑暗的蜂巢环境中可以通过各种途径进行信息交换。目前，人们普遍认可的交流方式主要为依靠机体运动而进行信息交流的"舞蹈语言系统"和以化学气味为媒介的"化学语言系统"。信息素就是动物外分泌腺体分泌到体外的化学物质，借助于个体间相互接触或空气传播，引起同种或近似种的不同个体行为反应或生理变化的化学物质。信息素可分为释放信息素（Releaser pheromone）和引发信息素（Primer pheromone）两大类，释放信息素是通过神经系统，产生快速瞬时的行为反应；引发信息素是通过生理系统，产生缓慢而持久的行为反应。目前人们对蜜蜂释放信息素研究较多，而在蜜蜂引发信息素方面的知识非常有限。常见的蜜蜂信息素有蜜蜂子脾信息素、工蜂信息素、蜂王信息素和雄蜂信息素。蜜蜂子脾信息素又可分为蜜蜂卵信息素、蜜蜂幼虫信息素和蜜蜂蛹信息素。

一、西方蜜蜂子脾信息素鉴定

蜜蜂子脾信息素的研究主要集中在西方蜜蜂上。蜜蜂幼虫饥饿时可产生一种化学信号吸引工蜂去检查，工蜂会根据幼虫的类型（蜂王幼虫、工蜂幼虫和雄蜂幼虫）、幼虫的大小和幼虫巢房内食物的多少，决定是否给予食物和给予什么样的食物。哺育工蜂不必进入巢房中寻找幼虫，而是根据蜜蜂幼虫分泌的化学信号，"嗅到"幼虫的存在再进入幼虫房，从而提高了哺育效率。老熟的蜜蜂幼虫也是通过分泌化学信息素，诱使其他工蜂为其封上蜡盖，以利于化蛹。

1989年法国的Le Conte以西方蜜蜂（Apis mellifera）为试验材料，首次从蜜蜂幼虫中分离出蜜蜂幼虫信息素，发现西方蜜蜂幼虫信息素是由甲基棕榈酸酯（MP）、甲基油酸酯（MO）、甲基硬脂酸酯（MS）、甲基亚油酸酯（ML）、甲基亚麻酸酯（MN）、乙基棕榈酸酯（EP）、乙基油酸酯（EO）、乙基硬脂酸酯（ES）、乙基亚油酸酯（EL）和乙基亚麻酸酯（ELN）组成，并发现蜜蜂幼虫利它素（甲基棕榈酸酯、甲基亚麻酸酯和乙基棕榈酸酯）对大蜂螨有引诱作用，研究成果在Science发表后，在学术界引起了很大反响，对蜜蜂信息素深入研究起了很好的推动作用。

1995年Le Conte等在每个蜂蜡王台中分别加入0.001mg、0.01mg和10mg不同的蜜蜂幼虫信息素，有3种脂肪酸酯会显著影响蜂王幼虫的哺育，其中甲基硬脂酸酯可以提高王台的接受率，甲基亚油酸酯可以提高单个王台中的王浆产量，另外甲基棕榈酸酯虽然不能提高王台的接受率和王浆产量，但可以提高王台中的幼虫体重。当给哺育蜂饲喂含有甲基棕榈酸酯和乙基油酸酯的饲料时，可以显著提高工蜂腺体的分泌能力，同时可以抑制无王群中的工蜂卵巢发育。乙基棕榈酸酯和甲基亚麻酸酯被证实有释放信息素的产生快速反应作用，同时能抑制工蜂卵巢发育。给刚羽化的工蜂饲喂含有幼虫信息素的糖水，结果表明：饲喂含有10种脂肪酸酯的幼虫信息素糖水工蜂，在14日龄时，王浆腺的蛋白质含量显著高于对照组。单独饲喂含有乙基油酸酯或甲基棕榈酸酯，也可以影响工蜂王浆腺和卵巢的发育。

1990年Le Conte等研究发现甲基棕榈酸酯和甲基油酸酯可以刺激工蜂出巢采集。2001年Le Conte等发现幼虫信息素可以推迟采集工蜂日龄，同时发现幼虫信息素能降低工蜂血淋巴中的保幼激素的含量。1998年Pankiw等用正已烷浸泡1 000只幼虫提取的信息素处理蜂群，结果发现幼虫信息素可显著提高工蜂采集花粉积极性。并随着使用的幼虫信息素含量提高，采集花粉工蜂数量也会显著增多。2002年发现非洲化蜜蜂幼虫信息素同样提高欧洲蜜蜂采集花粉的积极性。2001年和2003年Pankiw等研究表明幼虫信息素还可降低工蜂对糖浓度反应阈值。2004年Pankiw等同时发现幼虫信息素可以显著提高每次采集花粉数量。2002年Briand L.发现了西方蜜蜂运输幼虫信息素的化学感受蛋白ASP3c，它可特异地结合大脂肪酸分子和酯类衍生物，但不能与供试的普通气味分子和其他供试的信息素结合。2006年Le Conte等研究表明，幼虫信息素可能来源幼虫的唾液腺。

曾云峰等通过在人造蜂蜡王台中加入1%和0.1%（W/W）的3种酯类（甲基棕榈酸酯、乙基棕榈酸酯和乙基油酸酯）作为实验组，以不添加酯类（0%）的人造蜂蜡王台为对照组，移入1日龄工蜂幼虫，测定王台接受率、单个王台中幼虫和王浆重量。结果表明，0.1%甲基棕榈酸酯可以显著提高意大利蜜蜂幼虫重量。将分别添加1%和0.1%（W/W）3种酯类的石蜡假幼虫放入工蜂巢房中，同样设对照组，然后测定假幼虫的封盖率。结果表明，意大利蜜蜂的甲基棕榈酸酯和乙基油酸酯两个实验组假幼虫封盖率都极显著高于对照组。在新鲜王浆中以1%和0.1%（W/W）分别加入3种酯类作为实验组，以不添加酯类（0%）的作为对照组，再分别在1日龄、2日龄和3日龄幼虫王台中加入0.01mL含有酯类的蜂王浆，并测定蜂王初生重和卵巢管数量。结果表明，乙基油酸酯两个实验组（1.0%，0.1%）都显著降低了意大利蜜蜂蜂王初生重和卵巢管数量。

二、东方蜜蜂子脾信息素鉴定

颜伟玉等采用气相色谱仪分析了中华蜜蜂幼虫信息素成分及其在工蜂和雄蜂不同日龄幼虫的分布。研究首次发现中华蜜蜂工蜂和雄蜂幼虫均含有甲基棕榈酸酯（MP）、甲基油酸酯（MO）、甲基硬脂酸酯（MS）、甲基亚油酸酯（ML）、甲基亚麻酸酯（MN）、乙基棕榈酸酯（EP）、乙基油酸酯（EO）、乙基硬脂酸酯（ES）、乙基亚油酸酯（EL）和乙基亚麻酸酯（EN）。中华蜜蜂幼虫含有与西方蜜蜂幼虫相同的10种酯类信息素，但两种蜜蜂的酯类含量及在不同日龄幼虫分布规律不同。以浓度1×10^{-2}和1×10^{-3}的幼虫信息素成分MP、EP和EO为材料，研究这3种酯类对中华蜜蜂工蜂卵巢发育的影响。结果表明，MP能抑制工蜂卵巢发育；EP 1×10^{-2}剂量组能抑制工蜂卵巢发育；EO不能抑制工蜂卵巢发育。

张含等通过室内人工饲养刚出房工蜂，并在食物中添加1%和0.1%甲基棕榈酸酯、乙基棕榈酸酯和乙基油酸酯，研究发现在无王群食物中添加了1%和0.1%甲基棕榈酸酯的7日龄和14日龄工蜂卵巢发育率显著偏低，0.1%乙基棕榈酸酯处理组的14日龄工蜂卵巢发育率极显著偏低；在有王群中，1%甲基棕榈酸酯处理组，0.1%和1%的乙基油酸酯处理组14日龄工蜂卵巢发育都显著低于对照组。在有王群中，添加了1%和0.1%甲基棕榈酸酯处理组5日龄和7日龄工蜂王浆腺宽度显著大于对照组，12日龄、18日龄和21日龄工蜂王浆腺宽度极显著小于对照组。同时研究了甲基棕榈酸酯，乙基棕榈酸酯和乙基油酸酯对中华蜜蜂工蜂采集行为的影响。结果发现，3种酯类中只有甲基棕榈酸酯可以显著推迟中蜂工蜂的采集行为。

曾云峰系统地研究了蜜蜂幼虫信息素中3种酯类成分（甲基棕榈酸酯、乙基棕榈酸酯和乙基油酸酯）对中华蜜蜂（Apis cerana cerana）工蜂哺育行为、封盖行为以及蜂王发育影响。研究证实，在人造蜂蜡王台中加入0.1%（W/W）的甲基棕榈酸酯可以显著提高中华蜜蜂幼虫的重量。添加1%和0.1%（W/W）的甲基棕榈酸酯、乙基棕榈酸酯和乙基油酸酯3种酯类的石蜡假幼虫放入工蜂巢房中，中华蜜蜂对假幼虫均未出现封盖行为。在新鲜王浆中添加1%和0.1%（W/W）信息素酯类成分，分别在1日龄、2日龄和3日龄幼虫王台中加入0.01mL含有酯类的蜂王浆，测定蜂王初生重和卵巢管数量。结果表明乙基油酸酯两个浓度的试验组（1.0%，0.1%）都显著降低了中华蜜蜂蜂王初生重和卵巢管数量。

三、蜜蜂大幼虫封盖的分子机理

1990年Le Conte等研究发现西方蜜蜂信息素成分甲基棕榈酸酯、甲基油酸酯、甲基亚油酸酯和甲基亚麻酸酯可以诱导工蜂封盖幼虫巢房行为。

2020年秦秋红等对蜜蜂幼虫封盖信息素成分分析及其分子机理开展了较为系统的研究。以意大利蜜蜂（Apis mellifera ligustica）和中华蜜蜂（Apis cernana cernana）为试验材料，分别取未封盖、正在封盖和已封盖的工蜂和雄蜂幼虫，利用GC/MS分析技术，比较4种信息素成分在不同封盖时期工蜂幼虫和雄蜂幼虫中的含量。结果表明：意大利蜜蜂甲基棕榈酸酯（MP）、甲基油酸酯（MO）和甲基亚麻酸酯（MN）的含量在正在封盖工蜂幼虫中达到高峰，而ML的含量在已封盖幼虫期最高；雄蜂幼虫中4种封盖信息素成分含量均较高，且随年龄增长而增加。中华蜜蜂工蜂4种封盖信息素成分在正在封盖和已封盖幼虫中的含量均显著高于未封盖幼虫，其中MP和MO的含量均随幼虫年龄增长而增加，而ML和MN的含量在正在封盖和已封盖幼虫中差异不显著；雄蜂幼虫中这4种信息素成分含量均随年龄增长而增加。意大利蜜蜂和中华蜜蜂工蜂幼虫和雄蜂幼虫在被封蜡盖的关键阶段增加了MP、MO、ML和MN的释放量，进一步验证了MP、MO、ML和MN是与蜜蜂封盖行为相关的信息素。

秦秋红等以意大利蜜蜂（*Apis mellifera ligustica*）为试验材料，分别取未封盖、正在封盖和已封盖的工蜂和雄蜂幼虫，利用RNA-Seq技术分析不同封盖时期工蜂幼虫和雄蜂幼虫的基因表达差异。结果表明：工蜂和雄蜂3个封盖时期幼虫组间分别有4 413个和1 358个差异表达基因（Differentially expressed genes，DEGs）。在未封盖与正在封盖、正在封盖与已封盖和未封盖与已封盖3个对比组中，工蜂幼虫分别有1 504个、2 952个和4 016个DEGs，其中上调DEGs分别有776个、1 600个和2 073个，下调DEGs分别有728个、1 352个和1 943个；雄蜂幼虫分别有500个、21个和1 397个DEGs，其中上调DEGs分别有293个、21个和787个，下调DEGs分别有207个、0个和610个。根据DEGs KEGG富集结果推测出了意大利蜜蜂工蜂和雄蜂幼虫利用乙酰辅酶A合成MP、MO、ML和MN的生物合成途径以及12个调控该途径的候选基因，并利用稳定同位素示踪剂^{13}C和^{2}H证实了这些封盖信息素成分是由幼虫合成的，而不是从它们的食物中获得。本实验首次提出了蜜蜂幼虫封盖信息素的生物合成途径，为今后探究蜜蜂信息素分子机理提供新的思路和理论基础。

秦秋红等以中华蜜蜂（*Apis cernana cernana*）为试验材料，分别取未封盖、正在封盖和已封盖的工蜂和雄蜂幼虫，利用RNA-Seq技术分析不同封盖时期工蜂幼虫和雄蜂幼虫的基因表达差异。结果表明：对工蜂和雄蜂3个封盖时期幼虫的基因表达量进行组间比较分析，分别获得4 299个和3 926个个DEGs。在未封盖与正在封盖、正在封盖与已封盖和未封盖与已封盖3个对比组中，工蜂幼虫分别有62个、3 288个和3 701个DEGs，其中上调DEGs分别有20个、1 812个和2 022个，下调DEGs分别有42个、1 476个和1 679个；雄蜂幼虫分别有355个、2 343个和3 489个DEGs，其中上调DEGs分别为204个、1 517个和1 936个，下调DEGs分别为151个、826个和1 553个。根据DEGs KEGG富集结果推测出了中华蜜蜂利用乙酰辅酶A合成MP、MO、ML和MN的生物合成途径以及11个调控该途径的候选基因，并发现该生物合成途径以及相关的候选基因与意大利蜜蜂相同。试验表明中华蜜蜂和意大利蜜蜂极有可能利用相同的生物合成途径进行信息素的生物合成，但仍需利用干扰实验结合工蜂封盖行为进一步进行验证。

秦秋红等以意大利蜜蜂（Apis mellifera ligustica）为试验材料，分别取未封盖、正在封盖和已封盖的工蜂和雄蜂幼虫，利用 WGBS 技术进行全基因组甲基化分析。结果表明：封盖期前后工蜂幼虫和雄蜂幼虫体内 DNA 甲基化水平存在差异，在工蜂和雄蜂幼虫未封盖、正在封盖和已封盖 3 个不同封盖时期组间分别发现了 96~120 个差异甲基化区域，并分别在这些差异甲基化区域内发现了 41~54 个关联基因，但是在差异甲基化基因 KEGG 富集分析中，并未发现与信息素生物合成相关的通路。DNA 甲基化对蜜蜂幼虫信息素生物合成的调控机制还有待进一步研究。

四、采集蜂信息素

蜜蜂群体社会性生活的一个重要方面是工蜂之间的劳动分工。成年工蜂在 18 日龄以前主要在巢内执行任务，如照顾幼虫（哺育蜂），然后在 18 日龄后转向巢外采集和群体防御。但蜜蜂群体的劳动分工并不是刚性的，因为蜜蜂对社会环境的变化很敏感，尤其是群体年龄结构的变化。对群体年龄结构变化的一种反应是典型行为成熟模式的变化。例如，在缺乏年长蜜蜂（采集蜂）的蜂群中，一些蜜蜂在 5 日龄的时候就开始出巢采集，比正常的情况下提前了 2 周。

1992 年 Huang 和 Robinson 提出一种假设，即蜂群中工蜂开始采集的年龄是由工蜂与工蜂之间的相互作用调节的。蜂群中存在采集蜂会抑制年轻工蜂行为成熟，例如当蜂群的一部分采集蜂被移走时，年轻工蜂比同样的对照蜂群（蜜蜂减少的数量相同，但不同日龄工蜂占比是均匀的）中的工蜂行为发育更快。相反，当采集蜂被限制在蜂群内时，年轻工蜂会延迟成熟。工蜂行为成熟的社会调节需要蜜蜂之间的身体接触。老年蜂和年轻工蜂通过某种方式（食物转移、触须接触和舔舐）接触，从而达到抑制行为成熟的作用。当它们被隔离开，不能直接接触时，则起不到抑制作用。工蜂行为成熟抑制因子要么是一种不易挥发的"接触"信息素，要么是一种行为，或者两者兼而有之。随着蜂王上颚信息素（QMP）和幼虫信息素

（BP）这两种引发信息素的发现，并在调节工蜂行为成熟中发挥作用，工蜂行为抑制因子被认为是信息素的可能性较大。

2004年Pankiw报道了一种正己烷提取物可以推迟采集蜂开始采集的日龄。2004年Leoncini等通过GC和GC-MS分析了采集蜂和幼蜂所含脂肪酸酯的种类和含量差异，发现采集蜂所含的油酸乙酯（EO）显著高于幼蜂。标记刚出房的工蜂，试验组用油酸乙酯和糖水进行饲喂处理，发现工蜂采集花粉的日龄显著推迟。因此明确油酸乙酯作为一种化学抑制因子，推迟工蜂开始采集的日龄，并且在采集蜂的蜜囊中含量最高。

五、蜜蜂幼虫饥饿信息素鉴定

工蜂能根据不同发育阶段的王台中蜂王幼虫、工蜂巢房中工蜂幼虫和雄蜂巢房中雄蜂幼虫，饲喂不同质量和数量的食物。工蜂对幼虫饲喂行为不是随机，而是根据幼虫对食物实际需要进行饲喂。但目前还不清楚工蜂是如何准确知道每个巢房中幼虫食物实际需要。许多学者都推测：每当幼虫处于饥饿状态时，不同幼虫能分泌不同"饥饿"信息素，工蜂能凭灵敏的触角接收到这种"饥饿"信号并进行饲喂。蜜蜂幼虫体表信息素长时间存在于幼虫皮肤表面，并且目前已探知的以甲基棕榈酸酯等为代表的10种信息素，其化学结构复杂，沸点较高，并不适合用于及时传递幼虫的饥饿状态。因此，人们猜测幼虫饥饿信息素是一类化学结构简单，沸点低、易挥发的芳香性烃类物质。Le Conte等首次提出了蜜蜂饥饿信息素的概念，并通过气质联用技术首次探索了饥饿信息素的存在。他们首次在幼虫呼吸的气体中发现了以芳樟醇、罗勒烯与辛三烯为主的多种有别于幼虫体表信息素的成分，并推断其可能为蜜蜂幼虫的饥饿信息素。

2016年何旭江等以意大利蜜蜂（*Apis mellifera ligustica*）为试验材料，利用Needle trap技术与气质联用技术分析鉴定出9种工蜂幼虫信息素。发现E-β-罗勒烯为工蜂幼虫的饥饿信息素，在饥饿组幼虫中含量显著高于饲喂组及纯食物组，且2日龄幼虫组显著高于4日龄幼虫组。同时，行为学实验结果表明添加E-β-罗勒烯可引起哺育蜂的探头哺育行为，进一步证实了E-β-罗勒烯为工蜂幼虫饥饿信息素。利用RNA-Seq技术分析鉴定出了E-β-罗勒烯在幼虫体内的生物合成通路，并且发现参与该通路的3个基因在

2日龄幼虫中表达显著高于4日龄幼虫,并在饥饿30min时表达量达到最高峰。

何旭江利用上述相同的Needle trap与气质联用技术,分析鉴定出了蜂王幼虫与雄蜂幼虫的饥饿信息素。实验结果表明,蜂王与雄蜂幼虫也以E-β-罗勒烯作为其饥饿信息素。各饥饿幼虫组所含E-β-罗勒烯均显著高于饲喂幼虫组与食物组。2日龄蜂王、雄蜂与工蜂幼虫饥饿组E-β-罗勒烯含量均差异不显著,但4日龄蜂王幼虫饥饿组E-β-罗勒烯含量显著低于雄蜂与工蜂幼虫组。同时,发现蜂王幼虫含有一种雄蜂与工蜂幼虫没有的幼虫信息素——2-庚酮。RNA-Seq结果表明,蜂王与雄蜂幼虫也具有与工蜂幼虫相同的E-β-罗勒烯生物合成通路与相关基因。

何旭江等使用RNA-Seq测序技术检测了意蜂三型蜂2日龄与4日龄幼虫的mRNA,分析比较了三型蜂幼虫在发育过程中的基因表达差异。各三型蜂幼虫组检测到的总基因个数没有差异,但各组之间存在大量差异表达基因。2日龄雄蜂幼虫与蜂王幼虫对比组差异表达基因数为475个,高于雄蜂与工蜂幼虫对比组(197个)及蜂王与工蜂幼虫对比组(121个);4日龄蜂王与雄蜂幼虫对比组差异基因达687个,工蜂与雄蜂幼虫对比组为604个,而蜂王与工蜂幼虫对比组仅为475个,表明雄蜂幼虫与其他两种雌性蜂之间的差异高于两种雌性蜂之间的差异。而4日龄各对比组的差异基因数明显高于2日龄对比组,表明随着日龄的增加三型蜂幼虫的发育更为分化。其次,2日龄与4日龄工蜂幼虫之间差异表达基因为1 190个,2日龄与4日龄蜂王幼虫对比组为1 181个,而雄蜂幼虫对比组仅为598个,表明蜜蜂单双倍体遗传背景在其发育上的调控模式存在差异。基因共表达聚类分析结果表明2日龄工蜂与雄蜂幼虫先聚类在一起,再与2日龄蜂王聚类,4日龄则两种雌性蜂聚类更近。雌性蜜蜂幼虫与雄蜂幼虫相比较,发现大量差异表达基因参与了蜜蜂激素合成分泌、蜂毒的合成、眼睛和飞行肌肉的生长发育、眼睛发育、卵巢成熟,以及一些调控基因表达的转录因子与信号通路等,这与雌性蜂与雄蜂在形态、生理与行为上的特征相符。

专题 14　蜜蜂学习与记忆研究进展

蜜蜂是重要的经济昆虫，蜜蜂授粉对全球农业生产和生态环境起着重要作用。蜜蜂也是最典型的社会性昆虫，它们具有复杂的行为和严密的社会分工。虽然社会昆虫的智能远远赶不上人类，但就群体的凝聚力、个体忘我的利他行为而言，它们却是人类不可企及的。所以蜂群也被称为"超有机体"，并且被美国国立卫生研究院列入了优先测序的物种名单。

2006 年 10 月西方蜜蜂基因组全序列图谱的完成，这是继果蝇（*Drosophila melanogaster*）、家蚕（*Bomlyx mori*）和冈比亚按蚊（*Anopheles gambiae*）之后第 4 种检测了全基因序列的昆虫。2015 年东方蜜蜂全基因组序列图谱也被完成。蜜蜂基因组测序的完成标志着蜜蜂分子生物学研究进入后基因组时代。基因、环境与行为的相互作用及基因功能和调控机制的研究成为新热点。蜜蜂从此更受到世界各国研究人员的重视，并将其作为研究生命科学的重要实验素材。

蜜蜂是研究无脊椎动物学习与记忆的绝佳素材。在亿万年的进化过程中，蜜蜂具备了发达的感觉神经系统和大脑，通过一个相对简单的神经结构解释了复杂的不同学习形式的神经学基础。尽管蜜蜂和人类的遗传和形态基础高度不同，但共同的选择压力仍推动着社会相似性的进化，并且蜜蜂生活环境和组织的复杂和丰富，也为开展脊椎动物乃至人类学习与记忆的研究提供了良好的平台。近些年，蜜蜂的学习与记忆研究已经成为全世界神经学家与蜜蜂生物学家研究的焦点问题，并取得了许多有目共睹的成绩。工蜂的大脑非常小，只有一粒芝麻般大小，体积约 $1mm^3$，重约 1mg，脑中的神经细胞少于 100 万个，仅相当于人类大脑神经元数量的 10 万分之一。但研究发现蜜蜂能够辨别颜色、气味、形状和图案，它们的大脑中也能够形成抽象概念如"相同"或"不同"、分类视觉物体、辨别含同位素氢的有机化合物以及产生联想记忆等。在蜂群中，工蜂每天要到几千米甚至十几千米外的地方去采集花粉和花蜜，为此它们需要记住食源的方向与位置，以及通向食源的途径。蜜蜂的采集和授粉行为均依赖于这些独特的学习记忆能力，它们能通过学习达到对某种花的气味、颜色和形状形成长期记忆，进而提高采集和授粉效率。在对蜜蜂视觉、嗅觉、学习记忆的行为与生理联合研究揭示了脑与感觉神经系统是如何进行信息加工、模式识别以及学习记忆的机理，有助于我们更好的理解认知行为和脑功能的关系，进而拓展至对人脑工作机制的理解。

随着分子基因组学和生物信息学方法的发展，蜜蜂成为理解行为与大脑作用机制的重要模式生物。无论脊椎动物还是无脊椎动物，在相同环境刺激下，基因表达变化在不同物种之间的显著性极其相似。如影响人类兴奋和欲望的多巴胺，在蜜蜂中也被证明多巴胺会调控食物欲望。在蜂群中，大多数蜜蜂非常忙碌，照顾蜂王和幼蜂，守卫巢穴，采集食物，但是蜂群中也有少数蜜蜂不愿与其他蜜蜂交流、互动。Shpigler等研究表明，这些不善交际的蜜蜂和人类自闭症患者共享一些自闭症谱系障碍的基因序列，并且蜜蜂的此类基因被功能富集到GABA受体和电压门控离子通道，而这2条离子通道在人类中也与精神类疾病相关。因此蜜蜂作为社会性昆虫，与小鼠、线虫、果蝇、斑马鱼等模式生物相比，其特有的社会性和可操作性使蜜蜂作为研究人类精神疾病的潜在模型。

此外，基于蜜蜂的生物学特性，其在级型分化、劳动分工、性别决定、免疫及肠道菌群等热点领域同样具有很高的研究价值，为表观遗传学、社会性动物的进化、昆虫性别决定机制、疾病防治和脑-肠轴调控机制等方面的研究提供了有价值的素材。

一、蜜蜂的大脑

蜜蜂的大脑只有$1mm^3$，拥有不足100万个神经细胞，但它们却能熟练地完成一些复杂的工作和许多行为实验。蜜蜂在进化过程中逐步发展出了只需要很少的神经细胞就可以应对复杂世界的有效方式。蜜蜂大脑的主要功能区有蘑菇体、触角叶、视叶和中心复合体等结构。蘑菇体是蜜蜂大脑中主要的联合中枢和行为决定中枢，相当于人的海马体。蘑菇体可以接受多种感受器输入的信号，经过快速处理，使蜜蜂能准确地学习颜色、气味、形状、路线和次数。触角叶类似哺乳动物的嗅球，是位于蜜蜂大脑前面的一对结构纤维网，每个触角叶被划分成160个肾小球形成嗅觉编码的功能单位，两个触角叶大约拥有10 000个神经元，接受触角输入的化学感受信号，并且负责处理这些嗅觉和化学感受性信息。视叶位于蜜蜂大脑的两侧，主要负责处理复眼收集的视觉信息。而中心复合体位于蜜蜂大脑的中间，由于其神经回路的复杂性，目前研究得比较少。

二、蜜蜂的学习记忆

1. 蜜蜂的视觉学习

蜜蜂的视觉器官主要包括1对复眼和3个单眼，视觉敏锐度为4°，空间分辨率约为每周0.34（c/deg）度视角。蜜蜂也可以分辨不同的颜色，如绿色光、蓝色光及紫外光，其感受的波长峰值分别是530nm、460nm和360nm。同时蜜蜂复眼有一个特化区，用来检测天空中的偏正光进行导航和定位。蜜蜂辨别视觉图案的研究主要经历了3个重要的里程碑，即从Hertz提出闪烁频率分辨图形的假设，到Wehner提出蜜蜂学习图形的模板假说，再到van Hateren等人提出的特征假说（即蜜蜂能获取图形学习的抽象特征或性质）。

在日常生活中，蜜蜂需要学习许多不同的图形以及它们的特征和性质，如蜂巢的图形，蜜源植物花的形状、颜色以及通往食源路上的地标图案等。1990年，van Hateren等人研究发现蜜蜂可以提取和辨别有相同方向的光栅来完成学习任务。澳大利亚国立大学张少吾教授利用自制的装置研究发现蜜蜂像人类一样，能够利用先前知道的伪装物体的形状来帮助它们发觉一些隐藏的图案，并且蜜蜂可以将相似的视觉刺激归类。更令人惊奇的是蜜蜂甚至能够认知错觉轮廓。它们能观测出三角形或矩形的方向，即使这个矩形不是很明显，而是通过4个图案的边缘组成的象征性图形。由此可见蜜蜂通过视觉学习可以完成这种高水平的认知过程，这对于蜜蜂的生存具有重要的意义。

2. 蜜蜂的嗅觉学习

触角是蜜蜂的主要化学感受器官。当一个饥饿的蜜蜂触角碰到蔗糖溶液时，就会伸展它的吻吸取糖水，这就是吻的扩展反映。根据巴甫洛夫条件反射，1961年Takeda建立了吻伸反射的嗅觉条件反射（PER）模型，其主要是将气味作为条件刺激（CS），蔗糖溶液奖励作为非条件刺激（US），训练蜜蜂学会气味与蔗糖奖励的联系，目前已被用作蜜蜂学习记忆的神经和分子基础研究的独特工具。人们利用PER技术获得了许多具有很高价值的研究成果，如发现了蜜蜂的记忆包括长期、中期和短期记忆、蜜蜂学习记忆的神经机制以及左右大脑学习的不对称性等。中短期记忆不需要蛋白质合成的维持，长期记忆需要基因转录和蛋白质的合成，且受到环磷酸腺苷/蛋白激酶A（cAMP/PKA）的调控。PER学习的神经环路中，VUMmx1神经元处理来自触角和吻输入的蔗糖US信号，触角叶负责处理触角输入的气味CS信号，CS信号和US信号输入的汇合点发生在触角叶和蘑菇体中。2011年，Mota等首次将PER发展为研究嗅觉-视觉双模态学习的试验示范，发现蜜蜂在触角完好的捆绑状态下无法区别视觉奖励和非奖励刺激，但当引入一种气味刺激物后，蜜蜂才能够辨别两种视觉刺激。最近，研究人员通过PER学习模型发现了环境因素，如抗生素和农药，及肠道共生菌都会影响蜜蜂的嗅觉学习记忆。可见，PER实验模型限制了蜜蜂的运动，且易于结合生理生化方法，在体内细胞和分子底物上研究学习与记忆的形成机制，对基于蜜蜂嗅觉学习及其作用机制的研究具有很大的优势。

2007年，Vergoz等创立了嗅觉调节刺伸反应（SER）技术，该技术是研究蜜蜂嗅觉学习记忆的另一典型模型，通常是将电刺激或热刺激（US）与气味联系（CS）构建刺伸反应调节。该模型完全避免引入食欲条件，相比PER学习，其训练程序简单，是刺伸反应的厌恶性调节。Giurfa通过SER学习模型发现，蜜蜂厌恶学习可以形成长期记忆，这种能力从生物学上是可以提高蜜蜂的觅食效率及长时间记住捕食者的气味，以便对它们作出适当的防御反应。SER的学习调控通路完全不同于PER，SER的CS信号不受嗅觉受体神经元的调控，嗅觉记忆可能位于触角叶下游的蘑菇体。此外，SER的US信号受到多巴胺神经元，而不是章鱼胺神经元信号的调控，而且多巴胺/蜕皮激素受体基因（AmGPCR19）会影响蜜蜂的厌恶情绪。与其他模式昆虫相比，蜜蜂 SER 是一个真正厌恶学习的例子，因为它依赖于厌恶刺激相关的自然反应，这与人类的厌恶学习有着惊人的相似之处。因此蜜蜂 SER 学习模式可被用作人类精神疾病如焦虑、恐惧等研究的重要模型。

三、本实验室对蜜蜂学习记忆研究的工作简介

1. 东方蜜蜂与西方蜜蜂的学习记忆比较

通过"Y"形迷宫训练东方蜜蜂、西方蜜蜂对图形和颜色的区别能力，东方蜜蜂和西方蜜蜂一样都能很好地分辨实验中的颜色和光栅图形。东方蜜蜂对颜色的学习记忆能力强于西方蜜蜂，同时我们也比较了同一种蜂种对黄色和蓝色的偏好性，发现他们对黄色和蓝色具有相似的学习记忆能力。另外，实验还发现东方蜜蜂对光栅图形的学习记忆能力强于西方蜜蜂。

2. 自由飞行状态下东方蜜蜂视觉、嗅觉跨模态学习研究

通过"Y"形迷宫训练蜜蜂跨模态学习，当条件刺激减少到达阈值水平时，蜜蜂可以展示跨视觉和嗅觉模态学习记忆的协同共赢，另外，我们还发现 cAMP 反应原件结合蛋白受体基因（CREB），多巴胺受体基因和酪胺受体基因在不同的学习条件下也会发生变化。

3. 蜜蜂左右脑不对称性学习记忆研究

大脑功能的不对称性不仅发生在脊椎动物的学习、社交和行为中，在无脊椎动物身上也有相应的现象。我们通过 PER 学习模型分别对蜜蜂的左右脑训练学习，取左右脑分别进行 miRNA 和 mRNA 测序，结果发现蜜蜂的脑组织中的基因表达和功能具有显著不对称性，蜜蜂右脑中差异表达基因数量明显高于左脑，而差异表达的 miRNA 正好相反，这与 miRNA 作为蛋白编码基因抑制剂相符合。左脑中高表达的基因功能集中富集在神经系统发育和信号传递等方面。右脑中高表达的基因集中在生物过程调节。另外，右脑更善于学习，负责短期记忆的形成，左脑则负责了长期记忆的形成，miRNA 作为蛋白编码基因抑制剂主要作用于左脑，可能对长期记忆有影响。我们对右触角进行训练学习，左右脑中表达增加的差异基因数量高于表达降低的基因数量，对左脑进行训练，左右脑中表达降低的差异基因数量高于表达增加的基因数量。无论对左触角训练还是右触角训练学习，都只有

左脑中的 miRNA 有较大的表达差异。记忆的形成是持续不断的动态变化过程，Rogers 和 Valortigara 发现嗅觉记忆从右触角向左触角转移，长期记忆需要蛋白质的合成，会抑制基因的表达。

4. 基于对迷宫视觉学习的蜜蜂大脑的 microRNA 与 mRNA 表达综合分析

使用新一代高通量测序技术综合分析了蜜蜂迷宫视觉学习后 miRNAs 和 mRNAs 的表达变化，发现训练组和未训练组比较蜜蜂大脑中有 40 个 miRNAs 和 388 个 mRNA 表达量存在显著性差异，表明它们很可能在蜜蜂大脑学习记忆等神经功能中发挥了重要作用。同样我们也发现了几条可能与迷宫学习有关的信号通路，如 MAPK，5-HT，GABA 以及乙酰胆碱受体通路。miRNA 与 mRNA 综合分析发现，miRNA 和 mRNA 共同调节蜜蜂的学习记忆过程。

5. 基于嗅觉学习的东方蜜蜂大脑差异蛋白的绝对或相对定量的同位素分析（iTRAQ）

结果发现 PER 嗅觉学习的训练组和未训练组之间有 147 个差异蛋白，这些差异蛋白包括一些已证明与学习记忆有关的蛋白，如神经递质转运蛋白、突出蛋白、神经递质受体蛋白和神经软骨蛋白等。KEGG 通路富集分析发现一些代谢和信号通路可能参与了东方蜜蜂的嗅觉学习记忆，包括 SNARE 膜泡运载通路、神经营养因子信号通路、MAPK 信号通路及多巴胺突触信号通路。

专题 15 蜜蜂 RFID 技术研发及其应用

在正常蜂群中，由一只蜂王、数百只雄蜂和成千上万只工蜂组成，是一个超生命个体。传统蜜蜂行为学的研究着重分析蜜蜂群体的行为特征，即蜜蜂群体生物学。近年来，随着自动追踪技术的发展，对蜜蜂蜂群内的每一个个体进行深入追踪研究已成为可能，并在蜜蜂个体生物学方面取得了丰硕的成果。蜜蜂个体跟踪技术也从传统的颜色标记、塑料标签标记向电子标签标记方向发展。蜜蜂专用的 RFID 技术最先由德国科学家开发，并应用于蜜蜂生物学研究。随后，江西农业大学蜜蜂研究所与广州市远望谷信息技术有限公司联合开发了专门针对蜜蜂设计的 RFID 技术。近年来，美国、澳大利亚等国家先后开发出各种不同类型的蜜蜂 RFID 技术。

一、蜜蜂 RFID 技术原理

RFID 技术是 20 世纪 90 年代开始兴起的一种自动识别新技术，是一项利用射频信号通过空间耦合实现无接触信息传递而达到识别目标的技术。RIFD 是英文 Radio Frequency Identification 的缩写，中文译为"无线射频识别"。蜜蜂 RFID 技术是一项针对蜜蜂生物学特性开发的用于自主跟踪蜜蜂个体行为的技术。与传统的蜜蜂标记技术相比，蜜蜂 RFID 技术具有很多突出的优点：①非接触操作，识别工作时无需人工干预，应用便利；②无机械磨损，使用寿命长，并可工作于各种油渍、灰尘污染等恶劣环境；③可识别高速运动物体，并可同时识别多个目标；④阅读器与电子标签之间存在相互认证过程，实现安全通讯和数据储存。

二、蜜蜂 RFID 技术主要组件

蜜蜂 RFID 技术由计算机、信息采集处理、无线数据传输和网络数据通信等多技术集合而成（图 15-1）。蜜蜂 RFID 技术由五部分组成。

图 15-1　蜜蜂 RFID 系统整体图

1. 电子标签

由耦合元件及芯片组成，且每个电子标签具有唯一的识别号，无法修改，无法仿造。这样提供了安全性。电子标签附着在蜜蜂背部。电子标签采用的频率是 900MHz（超高频），每个电子芯片可编写 24 位数的 ID 号码。这种设备使用的电子标签为圆形，直径 3mm，厚度为 0.08~0.21mm，重 1mg。贴在蜜蜂胸部背板上（图 15-2），不会影响蜜蜂飞行和巢内活动。

图 15-2　RFID 标记的中华蜜蜂

2. 感应天线

在标签和阅读器间起传递射频信号作用,即标签的数据信息。两个天线(图15-3)安装在蜜蜂爬行的通道两端,并将通道安装于蜜蜂巢门口。当蜜蜂通过通道外出或者进入蜂箱时,两个天线获取同一只蜜蜂的电子芯片信息存在时间差,从而可判断蜜蜂进出蜂箱的方向。

图15-3　天线与通道

3. 读卡器

采集并编写电子芯片 ID 号码的装置(图15-4)。将电子芯片放置在读卡器感应区,将读卡器与阅读器相连,利用计算机内安装的电子芯片 ID 号码编写软件,可对电子芯片的 ID 号码进行编写或修改。

图15-4　读卡器

4. 阅读器

即读取或写入电子标签信息的设备(图15-5)。阅读器可无接触地读取并识别电子标签中所保存的电子数据，从而达到自动识别物体的目的。通常阅读器与计算机相连，所读取的标签信息被传送到计算机上进行下一步处理。当电子标签在天线的感应范围内接近天线时，天线会发出微波查询信号。电子标签收到天线的查询信号后，将此信号与标签中数据信息合成一体反射回天线并传递到阅读器中。经阅读器内部微处理器处理后，即可将电子标签贮存识别代码等信息分离读取出来。

图 15-5　阅读器

5. 自动记录软件

自动记录软件分为发卡软件（图 15-6）和记录软件（图 15-7）。发卡软件可将电子芯片的编号设成任意的由 24 位数字或字母组成的唯一编号。记录软件可精确地记录下每一个标签的编号，并记录下精确到秒的通过时间。该软件可以对电子芯片进行 24h 不间断的自动监控，然后将获取到信息储存下来。

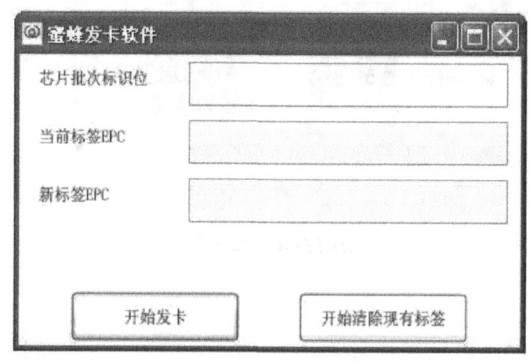

图 15-6　发卡软件

图 15-7 记录软件

三、蜜蜂 RFID 技术在蜜蜂个体生物学中的应用

将 RFID 技术应用于蜜蜂研究是一次有重要意义的技术革新，为蜜蜂个体和群体生物学的研究开创了新的途径。可以在蜂群处于自然状态下通过 RFID 技术对蜜蜂个体进行细致而准确的观测，精确记录下蜜蜂个体进出巢房的时间和次数。专门的蜜蜂 RFID 技术在蜜蜂生物学、饲养学及育种学等领域有广泛应用前景，特别是与肉眼观察的数据相比，更为准确，更为科学。

近年来蜜蜂 RFID 技术在蜜蜂生物学研究中得到了广泛应用。早期研发的 RFID 系统，其电子标签较大，不适用于蜜蜂研究。Sumner 等首次将 RFID 技术用于胡蜂的蜂群迁徙行为研究。Stelzer 与 Lars Chittka 将该技术应用在了熊蜂觅食节律方面的研究。德国科学家研发出了较小的 RFID 电子标签，开始在蜜蜂生物学研究中进行应用，并利用该技术发现蜜蜂能回巢的最远距离达到了 11km。江西农业大学与广州远望谷信息技术有限公司联合开发了我国自主研发的蜜蜂 RFID 系统，并在全球多个国家和实验室进行了广泛应用。利用该技术，首次揭示了中华蜜蜂与意大利蜜蜂在回巢能力和飞行能力方面存在较大差异。澳大利亚的 Perry 等利用该 RFID 技术，建立了蜜蜂蜂群崩溃的模型，解析了蜜蜂 CCD 现象的蜂群崩溃机制。江西农业大学蜜蜂研究团队利用蜜蜂 RFID 技术首次报道了蜜蜂具有轮休现象，并发现蜜蜂具有预测天气的能力，在降雨到来之前会增加采集次数和延长采集时间以应对恶劣天气变化。近年来，蜜蜂RFID技术在农药、微孢子虫、细菌和病毒感染等影响蜜蜂健康因素研究方面得到了广泛应用。同时蜜蜂RFID技术与其他监控技术相结合，在蜜蜂、胡蜂、熊蜂、无刺蜂和其他蜂类的生物学和行为学等研究领域广泛应用。

专题16 蜜蜂免移虫产浆和育王技术

蜂王浆（royal jelly）是5~15日龄青年工蜂头部的咽下腺和上颚腺分泌的浆状物，由于是蜂王的主要食物而得名为"蜂王浆"，同时也是蜜蜂小幼虫的食物，也称为"蜂乳"。1921年Sherlock Holmes用真空原理从自然王台中直接吸取的方法来生产蜂王浆。蜂王浆呈乳白色或淡黄色，半透明，微黏稠，有特殊香味，味酸、涩、辛、微甜。

1950年墨西哥、法国及意大利小规模生产销售蜂王浆，他们开始生产蜂王浆的方法是去掉蜂群中的蜂王，从蜂群急造王台中直接取出蜂王浆，但由于蜂群中无蜂王，群势下降快，并且严重影响了蜂群的蜂蜜产量。后来改进为在强群中使用隔王板，从而达到在有王群中生产蜂王浆。1956年匈牙利专家博尔霞访问中国并介绍了国外蜂王浆生产知识。1957年黄子固和陈剑星分别用西方蜜蜂在中国试验生产蜂王浆并都取得了成功。同年中国农业科学院养蜂研究所牵头组织对蜂王浆生产进行技术攻关，并成功形成了"有王群生产王浆的技术"，使生产蜂王浆和采收蜂蜜相结合。60多年，我国的蜂王浆群产量由当初的200~300g/年上升到现在的5 000~12 000g/年；我国的蜂王浆总产量由当初的不足1t/年上升到现在的3 500t/年，占世界蜂王浆总产量90%以上，从而成为世界蜂王浆生产和出口第一大国。我国的蜂王浆生产快速发展，从技术层面来说，主要是我国成功选育并推广了"浆蜂"、成功研制并推广了塑料王台、成功总结并推广了蜂王浆高产的蜂群饲养配套技术；另外一个原因是我国劳动力成本低的优势，正好符合蜂王浆手工生产要求。

传统的蜂王浆生产，包括人工清台、人工移虫、人工插框、人工补移以及人工取浆等步骤。人工移虫生产蜂王浆和培育蜂王，不仅劳动强度大、费时费力，而且受到虫源和视力的限制。

我国蜂群的蜂王浆单产量和总产量经过60多年持续增长后，蜂王浆生产遇到了一些瓶颈，比如养蜂员队伍老龄化、劳动力成本上升等技术瓶颈，事关我国养蜂者生产蜂王浆的积极性和生产规模，也直接关系到我国蜂业的健康稳定发展。

在国家蜂产业技术体系连续资助下，江西农业大学蜜蜂研究团队根据蜜蜂生物学特性，应用仿生学原理，历经10年，逐步完善，改进设计生产了第10代免移虫蜂王产卵器，成功解决了养蜂生产中人工移虫技术瓶颈，形成了蜜蜂免移虫产浆技术和蜜蜂免移虫育王技术。

一、蜜蜂免移虫产浆技术

免移虫蜂王产卵器主要包括人工塑料空心巢础、托虫器和产浆条等。在空心巢房位置插入托虫器，放入蜂群中，让工蜂进行造脾。待人工塑料巢础造好巢脾后，让蜂王在巢脾上产卵，第4天，当巢房中的卵孵化成小幼虫后，从人工塑料巢脾上取出托虫器，并把托虫器安装在配套的产浆条上，再把产浆条放入蜂群中进行蜂王浆生产。

1. 免移虫生产器结构和组成

免移虫生产器主要包括人工塑料空心巢础、托虫器、产浆条等。

（1）人工塑料空心巢础：人工塑料空心巢础正面是工蜂巢房房基，约有3 000个工蜂巢房房基，其中有32排空心巢房房基，每排有64个空心巢房房基（图16-1）。整个塑料巢础2 048个空心巢房房基，约占总巢房房基68%。人工塑料空心巢础背面是一个十字筋把面板分成4个区域。

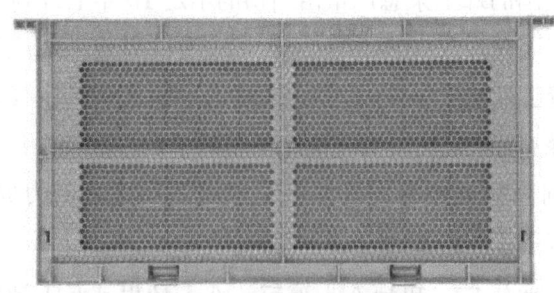

图16-1　人工塑料空心巢础

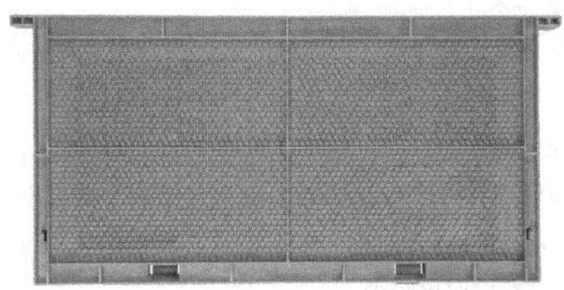

图16-2 与托虫器组合的空心巢础

（2）托虫器：托虫器的托台是杯形，与人工塑料巢础空心巢房房基大小相吻合（图16-2），也与带孔的王台底通孔大小相吻合，主要用来承接蜂王产的卵和孵化后的小幼虫。8个王台座组成一条，并在王台座背面加提取把手（图16-3）。两条托虫器组合形成一条，与人工塑料空心巢础脾配套。

图16-3 托虫器

（3）产浆条：产浆条是双排带孔的王台组成，每排有32个带孔的王台，计64个王台，产浆条和托虫器组合（图16-4）。

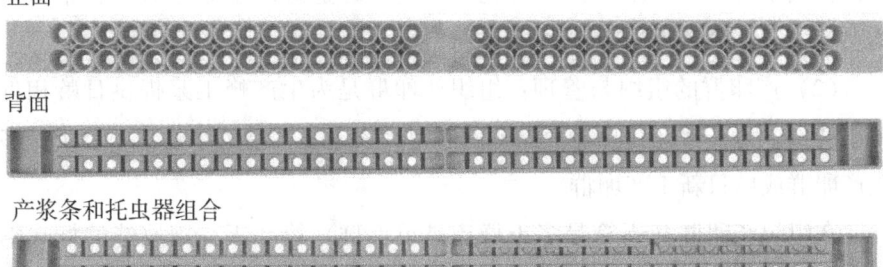

图16-4 产浆条

2. 免移虫蜂王浆生产过程

主要包括空心巢础造巢脾、产卵群的组织与管理、免移虫蜂王浆生产3个步骤。

(1) 空心巢础造巢脾：

空心巢础预处理：由于空心巢础的材质是塑料，为了让蜜蜂接受空心巢础并尽快在空心巢础上造巢脾，应先把空心巢础放入预先熬制好的老巢脾水中浸泡24h，然后取出晾干。

空心巢础上蜡：空心巢础上蜡的方式分为两种：一种是用排笔在空心巢础正面的房基上刷一层薄蜂蜡；另外一种是在大的铁质容积中熬制蜡水，蜡水中蜡的浓度5%～10%，等蜡水熬制好后拿住空心巢础的一头，把空心巢础的1/2浸入蜡液中，快速抽出，迅速抖动，然后将空心巢础的另外1/2部分同前操作一遍，这张空心巢础就涂蜡成功。整个涂蜡过程蜡液处于融化状态。

造脾蜂群的处理：造脾蜂群一定要蜜粉充足。首先对蜂群进行缩脾处理，让蜂群蜂多于脾，缩脾后蜂群还有4～5张脾，加入处理好的空心巢础。

若外界不是大流蜜期，则必须每晚对造脾蜂群进行奖励饲喂，促其造脾。若蜂场有黑色血统的蜂群，最好选用黑色血统的蜂群进行造脾。

由于空心巢础是塑料制成，工蜂造脾速度较慢，若外界蜜源好，蜂群群势强，一般5～10d可以完成造脾任务。

当空心巢础框造好巢脾后（图16-5），及时从蜂群中抽出进行产卵备用。若空心巢础巢脾上贮有蜜粉，则用摇蜜机清除脾上的蜂蜜，然后用一次性竹筷子清出空心巢础孔中的花粉。经工蜂造好的空心巢础脾，巢房结构整齐。

(2) 产卵群的组织与管理：组织产卵群是为生产蜂王浆提供日龄相近的小幼虫。为了保证托虫器上能够同时得到大量1日龄的小幼虫，要组织多王产卵群或单只新王产卵群。

在组织产卵群（不管是多王群还是单王群）第2天，用改造的框式隔王板（即用薄的木板或塑料盖住2/3～3/4隔王栅）把蜂群分为产卵区和孵化区，产卵区巢门关闭，孵化区巢门正常开放。在产卵区，放入1张空心巢础脾,让1只新王或多只蜂王在空心巢础巢脾上产卵。另外要注意,若是放入单面空心巢础巢脾产卵,要让空心巢础巢脾有巢房面对着隔王栅,这样有利于保温。

(3) 免移虫蜂王浆生产步骤:当准备好了空心巢础脾后,即可开始正式组织蜂群生产蜂王浆。具体包括清台、产卵、取虫、插框和取浆5个步骤。

清台:将生产蜂王浆的王台条和托虫器放在老巢脾水中浸泡24h,取出晾干后,安装在产浆框上,然后放到产浆群中让工蜂清理1d。

产卵:为了保证托虫器上的幼虫都是1日龄小幼虫,只能让蜂王在空心巢础脾上产卵24h。

取虫:当已产卵的空心巢础脾在孵化区孵化3d后,取出托虫器,安装在产浆框上进行蜂王浆生产。在取托虫器操作时,要轻、快和稳,托虫器安入产浆条中要压紧,否则会影响王台的接受率,并安装好产浆条盖板。

插框:将产浆框及时插入产浆群,最好插在幼虫脾和蜜粉脾之间。一般8~11框蜂群内插入1个产浆框。当外界蜜源丰富时,12框以上的蜂群可以插入2个产浆框。

取浆:插框68~72h后,从产浆群中提出产浆框,先轻抖落产浆框上的工蜂,再用蜂刷扫去余蜂,然后进行取浆(图16-6)。取完蜂王浆的产浆条,用免移虫清台器对王台进行清理。当产浆条上的王台清理后,可继续安装带有小幼虫的托虫器进行循环生产蜂王浆。

图16-5 人工塑料空心巢脾

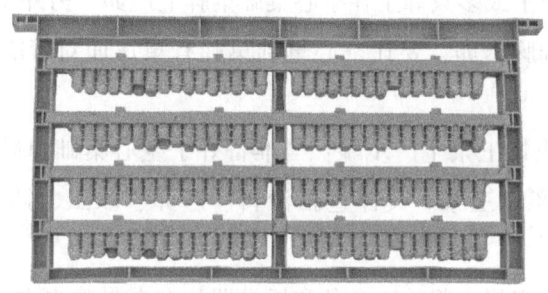

图 16-6 免移虫产浆效果

二、蜜蜂免移虫育王技术

应用蜜蜂免移虫产浆技术原理，可以进行蜜蜂免移虫育王，只是对托虫器进行改进设计，形成单个托虫器，并与单个王台配套使用（图16-7）。免移虫育王方法的步骤是把单个托虫器插入空心巢础脾的背面，放入蜂群中。然后控制蜂王在此巢脾中产卵1d后，提出产卵巢脾，轻轻抖落蜂王，把产卵巢脾放入孵化区孵化3d后，提出产卵巢脾，轻轻抖落巢脾大部分蜜蜂，取下单个托虫器。若单个托虫器有卵或小幼虫（图16-8），及时安装在配套使用的单个王台中，把单个王台安装在育王条上，育王条再安装在育王框上，放入无王区开始育王。当王台封盖5d后（图16-9），可把单个封盖王台诱入无王群或交尾群，或把育王条放入贮王框中贮存，等待处女王出房。从试验效果来看，使用蜜蜂免移虫技术进行育王，不需要进行人工移虫，解决了目前我国养蜂员队伍老龄化瓶颈，而且免移虫以卵或小幼虫培育的蜂王质量优于常规人工移虫培育的蜂王。

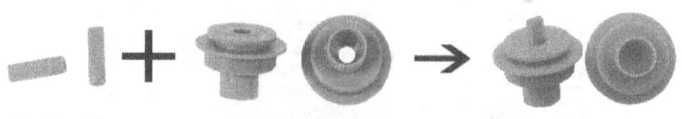

图 16-7 免移虫育王的王台结构

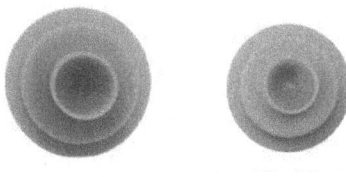

卵　　　　幼虫

图 16-8　王台中的卵和幼虫

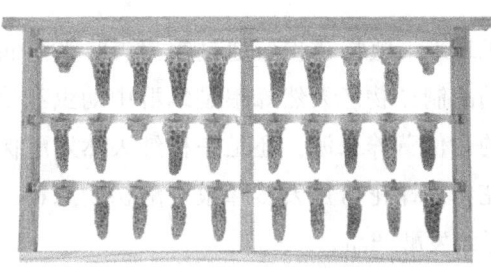

图 16-9　免移虫育王的封盖王台

专题17 天然蜂粮生产技术研究与应用

天然蜂粮是工蜂采集植物花粉后通过咬碎、吐蜜湿润加工，并在微生物作用下所形成的酿制产物。天然蜂粮是蜂群中幼虫和幼蜂的食物，也是幼虫发育过程中的全价营养来源，还是一种纯天然发酵保健食品。显然天然蜂粮不同于蜂花粉，蜂花粉是天然蜂粮发酵初始原料，而天然蜂粮是蜂花粉经过微生物系统发酵产品。

为什么蜜蜂更喜欢吃巢脾中天然蜂粮：①这是蜜蜂长期（数百万年）自然选择和进化结果。这种从直接吃花粉，到食用蜂粮，是一种有益的自然选择；②相对蜂花粉，蜂粮适口性好，同时提高蛋白质吸收效果。

根据天然蜂粮酿制时微生物繁殖和活动特性，将蜂粮酿制过程划分为4个阶段：①天然蜂粮酿制开始12h，各种微生物（主要包括乳酸菌和酵母菌）利用蜂花粉中丰富营养进行大量繁殖；②12h后，乳酸菌、酵母菌及有些好氧细菌达到一定数量时，就开始发酵。同时厌氧乳酸菌利用酵母菌等合成的生长因子开始繁殖，蜂粮酸度开始增加。蜂粮pH值下降，一方面抑制了大量细菌生长和死亡，另一方面产生大量维生素；③蜂粮发酵5d后，乳酸杆菌大量繁殖，并产生大量乳酸，导致蜂粮pH值进一步下降；④蜂粮发酵7d后，蜂粮pH值达4.0~4.5时，乳酸菌和大量酵母菌开始死亡。经过15~22d充分酿制的蜂粮，几乎变为无菌，仅存几种酵母菌。经过充分酿制的蜂粮，不但改善了卫生状况、而且提高了适口性和吸收效果。

蜂花粉营养丰富，是微生物的理想培养基，因此新鲜蜂花粉在常温下，很容易腐败变质。而天然蜂粮在蜂群中，能够保持数年不会变质和霉变，天然蜂粮防腐原因是：①蜂粮的pH值（3.4~4.2）和水活度（0.5~0.6，各类微生物生长都需要一定水分活度，当水分活度低于0.6时，绝大多数微生物无法生长）可抑制微生物生长；②微生物代谢产物抑制蜂粮中杂菌的生长；③蜂粮中可能含有抗菌肽，这些多肽可能会抑制蜂粮中微生物生长。

对天然蜂粮营养成分有大量报道，但观点不尽相同。石憬林认为：蜂粮营养成分不高于蜂花粉，理由两者主要成分都是蛋白质。李忠谱/袁耀东/苏松坤等学者认为：蜂粮营养成分高于蜂花粉。原因是蜂粮中含有许多发酵产物和益生菌群，且蜂粮酿制成熟后，蜂花粉中的蛋白质转化为多肽。

蜂粮分为天然蜂粮和人工发酵蜂粮。①天然蜂粮：指贮存巢脾中，经过蜜蜂酿制发酵而成。通常说的"蜂粮"就是指"天然蜂粮"。②人工发酵蜂粮：模仿蜂粮发酵条件，往蜂花粉中添加一些发酵因子（乳酸菌等），直接发酵而成。目前人工发酵蜂粮没有形成规模化生产。天然蜂粮肯定优于人工发酵蜂粮。

天然蜂粮由于贮存在巢房中，在不损坏巢房情况下，如何快速生产天然蜂粮，一直是养蜂生产中亟待解决的技术难题。国内外许多学者做了大量研究工作，比如张少斌教授等先后设计试制出 KF-1 和 KF-2 塑料巢脾。苏松坤教授等利用由带盖的圆筒、与圆筒的开口端相连的中空圆锥体和接于中空圆锥体锥顶的圆管组成的器具，把蜂粮生产脾巢房内的天然蜂粮不断地压挤出来。Akhmetova 等人研发设计出蜂粮生产的整套机械设备，即从蜂箱中将储粉脾取出后经过刮擦机将外层蜂蜡刮去，再经过鼓风机和加热器将蜂粮中的水分风干，放入冷却设备冷却至 0~2℃进行粉碎，利用通风井将蜂蜡和蜂粮分离从而达到纯化，但这种方法有3点不足，一是损坏了巢脾；二是天然蜂粮或多或少含有蜡屑；三是加热巢脾，对天然蜂粮活性成分有影响。

江西农业大学蜜蜂研究团队根据工蜂贮粉生物学原理，利用蜜蜂免移虫巢脾，另外设计一种底座板（图17-1）和人工脱粮器（图17-2）。用底座板代替免移虫托虫器与蜜蜂免移虫巢脾背面孔紧密结合，形成一张正常天然巢脾结构。对蜂群进行分区管理，让工蜂采集花粉并贮存在蜜蜂免移虫巢脾中，经过2~3周充分酿造形成天然蜂粮（图17-3）。利用脱粮器可与去掉底座板的巢房孔一一对应，这样便可快速、便捷地从免移虫巢脾中推出天然蜂粮（图17-4）。

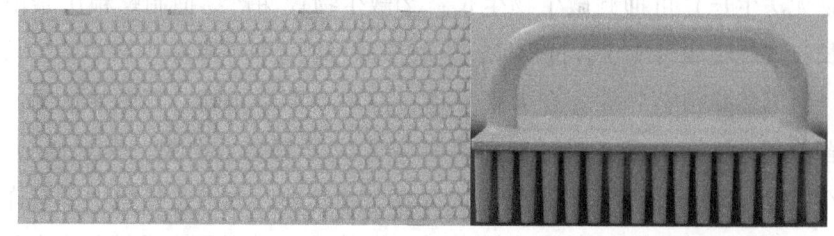

图 17-1 底座板　　　　图 17-2 人工脱粮器

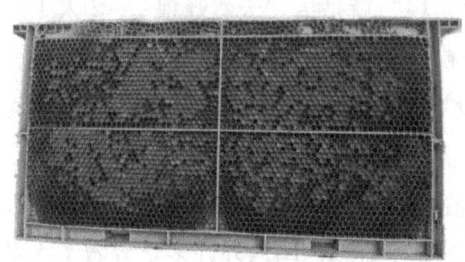

图 17-3 贮有天然蜂粮免移虫巢脾　　图 17-4 从免移虫巢脾中推出天然蜂粮

江武军等的研究表明：天然蜂粮水解氨基酸中缬氨酸、异亮氨酸、亮氨酸、酪氨酸、组氨酸、精氨酸含量，以及游离氨基酸中的天冬氨酸、脯氨酸含量均显著高于新鲜蜂花粉。

李震等以大鼠为实验动物，参照人每日推荐食用蜂花粉剂量，天然蜂粮和蜂花粉都分别设置低剂量组（80mg/kg）、中剂量组（400mg/kg）和高剂量组（800mg/kg），同时设置空白对照组和高脂模型对照组。按标准方法造大鼠高脂血症模型，再连续灌胃 60d 天然蜂粮或蜂花粉后，测定血液水平甘油三酯（TG）、总胆固醇（TC）、低密度脂蛋白（LDL）和高密度脂蛋白（HDL-C），取血检测抗氧化指标超氧化物歧化酶（SOD）、谷胱甘肽过氧化酶（GSH-Px）、丙二醛（MDA）和总抗氧化能力（T-AOC）以及免疫因子白细胞介素-6（IL-6）和肿瘤坏死因子-α（TNF-α）。同时开展天然蜂粮对脂质代谢实验。结果表明：与高脂模型组相比，天然蜂粮低剂量组能显著降低高脂血症大鼠血液中 TG、TC、LDL 含量，天然蜂粮中剂量组能显著提高 HDL-C 含量，蜂花粉低剂量组能显著降低高脂血症大鼠血液中 TG 与 TC 含量，说明天然蜂粮和蜂花粉均有良好的降低高脂血症的功效；与高脂模型组相比，低剂量组蜂粮、中剂量组蜂粮、高剂量组蜂粮以及低剂量组蜂花粉、中剂量组蜂花粉均能显著升高 TNF-α 含量，说明天然蜂粮和蜂花粉均具有增强免疫的效果；与高脂模型组相比，蜂花粉高剂量组大鼠血液中 SOD 含量显著增加，3 个天然蜂粮剂量组以及蜂花粉低剂量组和中剂量组 SOD 含量均差异不显著，说明蜂花粉高剂量组具有增强抗氧化力的功效；与高脂模型组相比，6 个试验组的 GSH-Px、T-AOC 以及 MDA 含量均差异不显著。与蜂花粉低剂量组和蜂花粉中剂量组相比，蜂粮中剂量组能显著提升 HDL-C 含量；与 3 个蜂花粉剂量组相比，天然蜂粮中剂量组能显著提高 TNF-α 含量。天然蜂粮的抑制脂肪肝形成机制可能是其能抑制高脂血症大鼠肝脏中脂肪酸合成酶（FAS）和乙酰辅酶 A 羧化酶（ACC）的活性，进一步通过 RT-qPCR 技术验证了天然蜂粮能抑制 FAS 和 ACC 基因表达。综合 TG、TC、LDL、HDL-C 以及 TNF-α 等指标，天然蜂粮的降血脂和增强免疫的功效要优于蜂花粉。

李震等进一步利用 16S rDNA 测序技术研究天然蜂粮对高脂血症大鼠肠道微生物多样性的影响。结果表明：天然蜂粮能促进高脂血症大鼠肠道中有益菌艾克曼菌属 *Akkermansia* 和正常小鼠肠道中乳酸菌属 *Lactobacillus* 的丰度增加，这 2 种益生菌对维护肠道和宿主健康都有积极作用。

郑宇等以蜂花粉为对照，系统研究了天然蜂粮在不同贮存温度（-20℃、4℃、25℃）以及不同贮存时间（15d、30d）条件下，天然蜂粮的酶活力和微生物含量变化。结果表明：在相同贮存时间（15d、30d）条件下，随着贮存温度升高（-20℃、4℃、25℃），天然蜂粮、蜂花粉的超氧化物歧化酶活力指标都是显著下降；在相同温度时间（-20℃、4℃、25℃）条件下，随着贮存时间延长（15d、30d），天然蜂粮、蜂花粉的超氧化物歧化酶活力指标也都是显著下降，但过氧化氢酶活力指标不存在差异显著；在 4℃、25℃贮存条件时，天然蜂粮、蜂花粉中菌落总数都随着贮存时间延长而显著增加。

我国是世界养蜂大国，随着天然蜂粮生产技术推广，以及天然蜂粮营养成分和功能实验研究深入，天然蜂粮这种新型蜂产品具有良好市场前景。

专题 18　人工育王方法思考与研究

蜂王是蜂群中的核心。蜂王的质量优劣直接关系蜂群群势的强弱以及产量的高低。显然育王技术也是养蜂生产中的一个关键技术。

1568 年 Jacob 首次发现蜜蜂能用工蜂巢房中的小幼虫培育蜂王；1761 年 Weygandt 报道了移虫育王成功；1814 年 Huber 通过试验证明，工蜂巢房中孵化后 2 日龄内小幼虫能够被培育蜂王；1888 年美国的 Doolittle 在《科学育王法》中首次介绍了人工育王技术，单式移虫培育蜂王技术即被普遍采用。Doolittle 育王法传入我国后，我国的黄子固于 20 世纪 40 年代在单式移虫育王法的基础上发明了复式移虫育王法，并被我国养蜂者广泛应用。

除了相对移虫育王方法，还有移卵育王方法，即人工方法把蜂王产在工蜂巢房中的卵，移入王台中。常用的移卵方法有两种，一是用移卵铲移卵，二是用移卵管移卵。由于市场上没有专门移卵铲或移卵管销售，而养蜂者自己制作移卵铲或移卵管有一定困难，因此，这两种移卵育王法在养蜂生产中没有得到广泛推广应用。Woyke 的研究表明：移卵育王则蜂王质量优于移虫育王。

1923 年 12 月 5 日施泰纳在瑞士多尔纳赫的歌德教堂演讲时说：人工移虫培育蜂王将对蜂群造成长期的不利影响，并且非常严重，同时还说"假如只采用人工移虫育王的方法，一个世纪以后所有培育的蜜蜂将消失"。专业养蜂者米勒尔强烈反对施泰纳这种观点。施泰纳接着说道"让我们到 100 年再谈，到那时将证明我的预见是正确的"。时隔 83 年，2006 年美国等地发生大量蜂群离奇死亡，被称为"蜂群衰竭失调病（colony collapse disorder，CCD）"，接着欧洲、大洋洲、非洲、亚洲等地也出现了 CCD。CCD 引起全世界植物授粉危机，直接威胁到农业发展和生态平衡。到目前为止，CCD 机理尚未揭开，涉及因素可能有杀虫剂、病毒、寄生虫、营养条件、气候变化等。

Delaney 等 2011 年在 Apidologie 发表对养蜂者调查论文认为：CCD 可能与蜂王质量有关。我们的思考：①施泰纳的演讲是否正确？②养蜂者的观点是否正确？③两者是否存在关联？为此我们团队对这个问题进行了系统研究。

一、不同移虫日龄育王对蜂王质量的影响

何旭江等利用工蜂巢房中的受精卵、1 日龄、2 日龄和 3 日龄幼虫分别培育蜂王，比较分析各组蜂王的形态、基因表达与 DNA 甲基化差异。结果表明：随着移虫日龄的增长，其蜂王和 3 日龄幼虫的体重逐步下降，且蜂王胸长与胸宽也逐步下降；利用 RNA-Seq 技术对 3 日龄幼虫测序分析发现，随着移虫日龄的增长，其与卵发育组蜂王幼虫的基因逐步增加。1 日龄幼虫与卵发育组蜂王幼虫对比组差异基因为 10 个，2 日龄对比组为 47 个，3 日龄对比组为 366 个。许多差异基因参与了蜂王的身体发育、新陈代谢、繁殖性能、寿命与免疫系统。DNA 甲基化测序结果表明：随着移虫日龄的增加，也逐步提高了其蜂王幼虫的全基因组甲基化水平，这也说明利用工蜂幼虫培育蜂王会显著降低蜂王的质量和寿命。

易瑶等用工蜂巢房中的受精卵、1 日龄、2 日龄和 3 日龄幼虫分别培育蜂王，利用 Illumina 高通量测序平台对刚羽化蜂王样品进行转录组测序。结果表明：随着移虫日龄的增加，移虫培育的蜂王与移卵培育的蜂王之间的差异表达（Differentially expressed genes，DEGs）基因数量逐步增多，且有大量涉及免疫、代谢、个体发育、繁殖、寿命等重要途径的基因表达下调。另外 4 个实验组组内都具有差异显著的 5 种可变剪接，可能调控基因表达；利用全基因组 Bisulfite 甲基化测序技术，对人工培育的刚羽化蜂王进行全基因组 DNA 甲基化测序。结果表明：蜂王质量随着移虫日龄的增加而降低；随着移虫日龄的增加，移虫培育的蜂王与移卵培育的蜂王之间的差异甲基化（differentially methylated genes，DMGs）基因数量逐步增多，差异甲基化基因涉及蜂王的级型分化通路、寿命、免疫、身体发育或代谢等重要途径。

二、不同卵（王台中，工蜂巢房中受精卵）对蜂王质量的影响

何旭江和危浩等以西方蜜蜂（*Apis mellifera*）为实验材料，探讨母体效应对卵大小以及对蜂王发育的影响。利用免移虫育王技术分析比较了蜂王在王台中产的卵（简称QE）和在工蜂巢房中产的卵（简称WE）重量和大小；利用QE、WE和2日龄幼虫（以下简称2L）分别培育蜂王，并测定蜂王初生重和卵巢管数。结果表明：QE与WE相比，重13.26%；长2.43%；宽4.18%。QE蜂王初生重显著高于WE蜂王和2L蜂王。5群蜂中有3群蜂比WE蜂王初生重的差异极显著。5日龄QE蜂王右侧卵巢的卵巢管数是最多，与2L相比差异显著；但与WE相比差异不显著。利用RNA-Seq测序技术于2016年和2018年两次检测了QE、WE与2L培育的刚羽化蜂王mRNA表达，分析比较了初生蜂王基因表达差异。两年的2次转录组测序结果发现，3组间均存在大量差异表达基因。2016年共鉴定出121个差异表达基因，其中QE蜂王与2L蜂王对比组差异表达基因数为91个，高于QE蜂王与WE蜂王对比组（63个）及WE蜂王与2L蜂王对比组（37个），表明2L/QE之间的差异高于WE/QE、2L/WE两者之间的差异。2018年转录组测序结果与2016年相比，两者差异基因的情况差别很小，其中QE蜂王与2L蜂王对比组差异表达基因数为485个，高于QE蜂王与WE蜂王对比组（156个）及WE蜂王与2L蜂王对比组（362个），表明2L/QE之间的差异高于WE/QE、2L/WE两者之间的差异。2016年转录组测序中的59个差异表达基因在2018年再次转录组测序中被鉴定出来了。两年的转录组测序结果表明：2L/QE差异表达基因最多，其次是2L/WE，再次是WE/QE，这些差异表达基因，很大一部分与蜂王级型分化相关，包括保幼激素甲基转移酶、抗菌肽、储存蛋白等，参与了激素合成、卵巢发育、表皮发育和免疫功能。利用全基因组DNA甲基化测序技术检测了QE、WE与2L培育的刚羽化的蜂王的甲基化，结果表明：QE、WE与2L刚羽化的蜂王整体甲基化水平显著不差异。3组间均存在大量的差异甲基化基因（DMGs），QE蜂王与2L蜂王对比组差异甲基化基因数为614个数量最多；其次是WE蜂王与2L蜂王对比组差异甲基化基因473个，再次是QE蜂王与WE蜂王对比组差异甲基化基因371个。42个DMGs存在于mTOR、MAPK、Wnt、Notch、

Hedgehog、FoxO 和 Hippo 信号通路中，这些信号通路参与调控级型分化、繁殖和寿命。证明蜜蜂母体效应会引起表观遗传差异，进而影响蜂王的级型分化。

三、不同移虫日龄育王对蜂王 DNA 甲基化累代效应的影响

易瑶等人工移卵（E 组）、1 日龄幼虫（L1 组）和 2 日龄幼虫（L2 组）进行连续 4 代的人工培育蜂王，测定与蜂王发育相关的 4 个指标，用全基因组 Bisulfite 甲基化测序技术，对 4 代人工培育的蜂王进行全基因组 DNA 甲基化测序。结果表明：4 代蜂王中均是 E 组育王方式培育的蜂王质量最好，L2 组最差。同代比较中，E 组、L1 组、L2 组之间全基因组甲基化水平都不存在差异显著。但是以 G0 为参照的结果表明 L2 组 DNA 甲基化积累速度要比 E 组、L1 组快。另外还发现：G1~G4 代内比较时，L1 与 E 和 L2 与 E 的蜂王 DMG 数量随着代数增加而具有累积效应趋势。G1~G4 代代间比较时，同种育王方式下，E 组随着代数增加 DMG 数量非常稳定，而 L1 和 L2 组随着代数的增加 DMG 数量也增加。许多参与蜜蜂级型分化，生长发育和代谢的重要基因在外显子上的总体 DNA 甲基化水平都显示出随着世代增加而增加的现象，这表明蜜蜂 DNA 甲基化具有累代效应。

四、不同移虫日龄育王对蜂王 DNA 甲基化遗传印迹的影响

李震等以西方蜜蜂（*Apis mellifera*）作为实验材料，对 G0 代蜂王进行单雄授精，待 G0 代蜂王产卵后，以卵（E）、1 日龄工蜂幼虫（L1）和 2 日龄幼虫（L2）分别培育蜂王（G1 代，以卵培育的蜂王简称 G1E，以 1 日龄幼虫培育的蜂王简称 G1L1，以 2 日龄幼虫培育的蜂王简称 G1L2），然后用 G1 代的 3 种蜂王分别产卵培育雄蜂（G2 代，G1E 产的雄蜂简称 G2DE，G1L1 产的雄蜂简称 G2DL1，G1L2 产的雄蜂简称 G2DL2）。利用全基因组 Bisulfite 甲基化测序技术，对 G0 代蜂王、G1 代蜂王、G2 代雄蜂进行全基因组 DNA 甲基化测序。使用 ANOVA 方差分析和高甲基化位点比对揭示西方蜜蜂 DNA 甲基化印迹特性以及移虫日龄对西方蜜蜂 DNA 甲基化遗传的影响。结果表明：原有高甲基化位点和突变高甲基化位点均存在表观遗传印迹现象；同时发现随着移虫日龄增加，原有高甲基化位点和突变高甲基化

位点遗传印迹数量都是逐步增加。这说明 DNA 甲基化遗传印迹能够在蜜蜂这一模式生物体内稳定遗传。

总结论：蜂王质量与卵来源途径以及卵、幼虫发育环境紧密相关。在养蜂生产中推广应用免移虫产卵育王技术。

第二部分

实验课教学

专题 1 蜜蜂基因组 DNA 提取

TaKaRa MiniBEST Universal Genomic DNA Extraction Kit 试剂盒 DNA 提取步骤：

1. 取 2~25mg 的组织样品，置于 1.5mL EP 管中，用剪刀剪碎，用磨砂研棒进行进一步的研磨。

2. 加入 180μL Buffer GL、20μL Proteinase K 和 10μL Rnase A。

3. 在 56℃温浴 2~3h 至组织完全裂解（难于裂解的材料可以适当延长裂解时间甚至过夜裂解，温浴时可以将样品取出进行振荡或吸打以加速裂解）。12 000r/min 离心 2min，取上清液。

4. 向裂解液中加入 200μL Buffer GB 和 200μL 100%乙醇，充分吸打混匀。

5. 将 Spin Column 安置于 Collection Tube 上。将溶液移至 Spin Column 中，12 000r/min 离心 2min，弃滤液。

6. 将 500μL Buffer WA 加入 Spin Column 中（沿着管壁四周加入），12 000r/min 离心 1min，弃滤液。

7. 将 700μL Buffer WA 加入 Spin Column 中，12 000r/min 离心 1min，弃滤液。

8. 再次将 700μL Buffer WA 加入 Spin Column 中，12 000r/min 离心 1min，弃滤液。

9. 将 Spin Column 安置于 Collection Tube 上，12 000r/min 离心 2min。

10. 将 Spin Column 安置于新的 1.5mL EP 管上，在 Spin Column 膜的中央处加入 50~200μL 的灭菌水或 Elution Buffer，室温静置 5min（将灭菌水或 Elution Buffer 加热至 65℃使用，有利于提高洗脱效率）。12 000r/min 离心

2min 洗脱 DNA。

11. 提取得到的基因组 DNA 可通过琼脂糖凝胶电泳检测提取 DNA 的质量或者通过测定吸光度以定量。

若经琼脂糖凝胶电泳检测基因组 DNA 条带单一，无弥散，且 DNA 的吸光度 A260/A280 比值在 1.7~1.9，则说明提取的基因组 DNA 的纯度高、质量好。

注：研磨的时候要对组织样品进行充分研磨，才能得到较多的 DNA。

专题 2 蜜蜂 RNA 提取

1. 将研钵和研杵用液氮预冷，将组织样品转移至研钵中，用研杵充分研磨组织直至研磨成粉末状，其间可以根据需要补加液氮。如果研磨不彻底会影响 RNA 的提取率。

2. 将研磨成粉末状的样品转移至无 Rnase 的离心管中，每 50~100mg 样品加入 1mL TransZol，室温静置 5min。4℃，12 000r/min，离心 10min，将上清液（水层）转移至新的无 Rnase 离心管中。

3. 每使用 1ml TransZol，加入 200μL 氯仿，轻轻摇匀，室温孵育 5min。加入氯仿后，一定要充分混匀，确保抽提效果。4℃，12 000r/min，离心 15min。此时样品分成 3 层，无色的水相（上层），中间层（蛋白层），粉红色有机相（下层）。RNA 主要在水相中，水相体积约为所用 TransZol 试剂的 60%（600μL），将上清液转移至新的无 Rnase 离心管，不要吸到中间蛋白层。

4. 加入水饱和酚：氯仿=1：1 于离心管，两种试剂加入的总量与上清液相等，振荡混匀，室温静置 5min。4℃，12 000r/min，离心 10min，取上清液（不要吸到中间层），转至新的无 Rnase 离心管。

5. 加入与上清液等体积的氯仿，轻轻混匀（上下颠倒），室温静置 5min。4℃，12 000r/min，离心 10min，取上清液，转至新的无 Rnase 离心管。

6. 加入上清液 2 倍体积的异丙醇，轻轻混匀（上下颠倒），静置 10min。4℃，12 000r/min，离心 10min，离心管底部和侧壁上形成胶状沉淀块，弃上清液。

7. 加入 1mL 75% 乙醇（DEPC 水配制），剧烈涡旋，4℃，8 000r/min，

离心5min，弃上清液。

8. 加入1mL无水乙醇，涡旋振荡，洗涤RNA沉淀，4℃，8 000r/min，离心5min，弃上清液。

9. 开盖置于超净台内干燥RNA沉淀。

10. 按RNA沉淀的量，加入适量的DEPC水（30~40μL），完全溶解后，分装一部分用于测定RNA质量，其余则保存于-80℃备用。

11. 提取的RNA可通过琼脂糖凝胶电泳检测RNA的质量或者通过微量分光光度计检测RNA的浓度和纯度。若经琼脂糖凝胶电泳检测RNA的28S和18S rRNA条带清晰，且RNA的吸光度A260/A280比值在1.8~2.0，则说明提取的RNA的纯度高、质量好。

注：实验所用有机试剂（氯仿、异丙醇、75%乙醇等），要确保无Rnase污染，所用耗材如离心管、枪头也要确保无Rnase污染。

专题3 蜜蜂基因克隆

1. 按照标准方法提取 RNA 用于反转录合成 cDNA，或者提取 DNA 直接用于后续 PCR 扩增。
2. 反转录合成 cDNA 第一链

RNA 变性：

总 RNA	8μL
Oligo-dT（50μmol/L）	3μL

将上述试剂依次加入 200μL PCR 管，混匀，于 70℃ 温育 10min 后，立即冰浴 2min。

反转录过程：

MLV buffer（5×）	10μL
dNTPs 混合液（2.5mmol/L each）	8μL
RNase 抑制剂（50U/μL）	1.5μL
M-MLV 反转录酶（50U/μL）	1.5μL
DEPC 水	补足至总体积为 50μL

加入上述试剂混匀，于 42℃ 温育 60min，随后 70℃ 温育 15min，最后合成的 cDNA 加 50μL 灭菌超纯水稀释，置于 -80℃ 保存。

3. PCR 扩增

在 200μL PCR 管里建立反应体系：

10×LA PCR Buffer Ⅱ（Mg^{2+} plus）	2.5μL
dNTPs 混合液	1.5μL
上游引物	1.0μL
下游引物	1.0μL

Taq 酶	0.2μL
cDNA	2~3μL
ddH$_2$O	补足至总体积为 25μL

按照以下程序进行 PCR 扩增：

94℃预变性 2min
94℃变性 30s ⎫
Tm 退火 45s   ⎬ 30 个循环
72℃延伸 90s ⎭
72℃终延伸 10min
最后 4℃保存。

PCR 扩增条件需要根据具体情况进行适当调整，PCR 之后进行（小齿）凝胶电泳（点样 4~5μL），确定是否扩增出目的条带。

4. 胶回收

将上述所有 PCR 产物用 1%的琼脂糖凝胶进行电泳，在紫外光下用消毒干净刀片切下含目的片段的胶条。使用胶回收试剂盒（康为世纪公司提供）回收目的片段。胶回收步骤如下。

（1）将切下的胶放入 1.5mL 离心管中，称取重量。

（2）向胶块中加入 3 倍体积 Buffer PG，当琼脂糖凝胶浓度>2%时，建议使用 6 倍体积 Buffer PG（如凝胶重为 100mg，其体积可视为 100μL，依次类推）。

（3）50℃孵育 10min，其间不断温和地上下颠倒离心管，以确保胶块充分溶解。如果还有未溶的胶块，可再补加一些溶胶液或继续放置几分钟，直至胶块完全溶解。

（4）（可选步骤）当回收片段<500bp 或>4kb 时，应加入 1 倍胶体积的异丙醇，上下颠倒混匀（如凝胶重为 100mg，则加入 100μL 异丙醇）。

（5）柱平衡：向已装入收集管（Collection Tube）中的吸附柱（Spin Column DL）中加入 200μL Buffer PS，12 000r/min 离心 2min，倒掉收集管中的废液，将吸附柱重新放回收集管中。

（6）将步骤 3 或者步骤 4 所得溶液加入已装入收集管的吸附柱中，室温放置 2min，8 000r/min 离心 1min，倒掉收集管中的废液，将吸附柱放回收集管中。

（7）（可选步骤）向吸附柱中加入 500μL Buffer PG，12 000r/min 离心 1min，倒掉收集管中的废液，将吸附柱放回收集管中。

（8）向吸附柱中加入 650μL Buffer PW（使用前请先检查是否已加入无水乙醇），8 000r/min 离心 1min，倒掉收集管中的废液，将吸附柱放回收集管中。

（9）12 000r/min 离心 2min，倒掉收集管中的废液。将吸附柱置于室温数分钟，以彻底晾干。

（10）将吸附柱放到一个新离心管（自备）中，向吸附膜中间位置悬空滴加 20μL 灭菌双蒸水，室温放置 2min。12 000r/min 离心 2min，收集 DNA 溶液。-20℃保存 DNA。

注：切胶时首先要确保所切片段为目的片段，其次不能切入其他杂带，并且所切的胶不能太多。回收完胶后，需进行凝胶电泳，以检测回收的目的片段含量和质量。

5. 目的片段与载体的连接

将上述回收的目的片段与 T 载体进行连接，在 200μL PCR 管里建立连接反应体系：

胶回收产物	4μL
$pEASY$-T_3 Cloning Vector	1μL

混匀后于 25℃连接 20min。

6. 转化

（1）从-80℃冰箱取出感受态细胞，冰上放置待其融解。

（2）加连接产物于 50~100μL 感受态细胞中，用枪头混匀，冰浴 20~30min。

（3）42℃热激 90s，立即置于冰上 2min。

（4）加入 0.9mL 平衡至室温的 SOC 培养基，200rpm，37℃孵育 1h。

（5）制备 X-gal 平板：取 40μL X-gal（20mg/mL）、4μL IPTG（1M）混合，均匀地涂布于含 100μg/μL 氨苄青霉素的 LB 固体培养基平板上，在 37℃放置 30min。

（6）待 X-gal 被吸收后，取 200μL 菌液铺板，将平板放在培养箱中于

37℃倒置培养12~14h。

7. 阳性克隆的筛选

挑取白色单菌落和蓝色单菌落（作对照）于5 mL加有氨苄青霉素的LB培养基中培养，37℃，200r/min摇荡培养过夜（10~12h），再用质粒抽提试剂盒（康为世纪公司提供）抽提质粒DNA，步骤如下。

（1）取5~15mL（根据培养菌体的浓度选择合适的量，建议最多不超过15mL）过夜培养的菌液，加入离心管（自备）中，8 000r/min离心3min收集细菌，尽量吸取全部上清液。

（2）向留有菌体沉淀的离心管中加入300μL Buffer P1（先检查是否已加入RNase A），使用移液器或涡旋振荡器充分混匀，悬浮细菌沉淀。

（3）向离心管中加入300μL Buffer P2，温和地上下颠倒混匀6~8次，使菌体充分裂解，室温放置3~5min。此时溶液应变得清亮黏稠。

（4）向离心管中加入300μL Buffer E3，立即上下颠倒混匀6~8次，此时出现白色絮状沉淀，室温放置5min。13 000r/min离心10min，吸取上清液，将上清液加入过滤柱（Endo-Remover Column）中（已装入收集管），13 000r/min离心1min过滤，将收集管中的滤液转移到离心管（自备）中。

（5）向滤液中加入300μL异丙醇，上下颠倒混匀。

（6）柱平衡：向已装入收集管（Collection Tube）的吸附柱（Spin Column DL）中加入200μL Buffer PS，13 000r/min离心2min，倒掉收集管中的废液，将吸附柱重新放回收集管中。将步骤5中滤液与异丙醇的混合液转移到平衡好的吸附柱（已装入收集管）中。

（7）13 000r/min离心1min，倒掉收集管中的废液，将吸附柱重新放回收集管中。

（8）向吸附柱中加入750μL Buffer PW（先检查是否已加入无水乙醇），13 000r/min离心1min，倒掉收集管中的废液。

（9）将吸附柱重新放回收集管中，13 000r/min离心2min，倒掉废液，将吸附柱置于室温干燥5min。

（10）将吸附柱置于一个新的离心管（自备）中，向吸附膜的中间部位加入20~40μL灭菌的双蒸水，室温放置2~5min，13 000r/min离心2min。-20℃保存质粒。

注：电泳中以蓝斑质粒 DNA 为对照，出现滞后带的确认为重组质粒。

8. 酶切鉴定

对出现滞后的重组质粒进行酶切鉴定，或者进行 PCR 鉴定。

在 200μL PCR 管里建立酶切反应体系（20 μL）：

10×buffer	2μL
质粒 DNA	5μL
Nde I（或者其他合适的酶）	0.5μL
Hind Ⅲ（或者其他合适的酶）	0.5μL

混均匀后于 37℃ 放置 3h，取出酶切产物，用 1% 的琼脂糖凝胶进行电泳，以 DL2000 作 Marker。

9. 阳性克隆测序

对经过鉴定的阳性克隆送到测序公司进行核苷酸序列的测定，获得插入片段的准确序列。

专题 4 蜜蜂组织中总蛋白 SDS-PAGE 电泳

1. 试剂配制

30%丙烯酰胺：29.2g Acrylamide、0.8g Bis-acrylamide 溶于 100mL ddH$_2$O。

10%过硫酸铵（APS）：0.1g Ammonium persulfate 溶于 1mL ddH$_2$O（现配现用）。

10%SDS：10g SDS 溶于 100mL ddH$_2$O。

Tris-HCl（1.5mol/L，pH 值 8.8）：18.15g Tris 溶于 80mL ddH$_2$O，浓盐酸调 pH 值到 8.8，ddH$_2$O 定容 100mL。

Tris-HCl（1.0mol/L，pH 值 6.8）：12.11g Tris 溶于 80mL ddH$_2$O，浓盐酸调 pH 值到 6.8，ddH$_2$O 定容到 100mL。

5×SDS 电泳缓冲液：15.1g Tris、94g 甘氨酸、5g SDS、1 000mL ddH$_2$O 溶解。

2×上样缓冲液：2mL 50%甘油、0.5mL 2-羟基乙醇、1mL 1%溴酚蓝、2mL 10%SDS、1mL Tris-HCl（0.5mol/L，pH 6.8）、ddH$_2$O 定容 10mL。

考马斯亮蓝染色液（1 000mL）：2.5g 考马斯亮蓝 R250、92mL 冰乙酸、454mL 甲醇、ddH$_2$O 定容 1 000mL。

考马斯亮蓝脱色液（1 000mL）：75mL 冰乙酸、50mL 甲醇、ddH$_2$O 定容 1 000mL。

2. SDS-PAGE 电泳

（1）样品制备：

①组织块用冷的 TBS 洗涤 2~3 次，剪成小块置于匀浆器中，加入 10 倍组织体积的 RIPA（塞维尔）[使用前先加入蛋白酶抑制剂（PMSF）+cock tail 塞维尔]，冰上匀浆。

②振荡，冰浴 30min，其间用枪头反复吹打，确保细胞完全裂解。

③12 000r/min 离心 5min，收集上清液即为总蛋白。

④用 BCA 测定办法进行蛋白定量（参考碧云天试剂盒说明书），用 TBS 调整同一浓度后根据比例加入 SDS-PAGE 蛋白上样缓冲液（2×）（蛋白总体积：SDS=4μL：1μL）（Biosharp）在沸水（100℃）中煮蛋白 10min，以使蛋白充分变性。

⑤冷却到室温后，直接上样到 SDS-PAGE 胶加样孔即可。或分装放置 -80℃ 冰箱备用。

（2）准备玻璃板：将用于制 SDS-PAGE 电泳胶的玻璃板用洗衣粉进行轻轻擦洗。两面都擦洗过后用自来水冲，再用蒸馏水冲洗干净后立在筐里晾干。随后将两块玻璃板对齐后放入夹中卡紧，然后垂直卡在架子上准备灌胶。操作时要使两玻璃对齐，以免漏胶。

（3）制备分离胶（15%）：取 1mL ddH_2O、2.5mL 30% 丙烯酸胺、1.3mLTris-HCl（1.5mol/L，pH 值 8.8）、50μL 10% APS、50μL 10% SDS、4μL TEMED，混合均匀，移入电泳板中（约 4mL，可根据需要调整所需要配制的分离胶的体积），立即用 ddH_2O 封胶（使胶体压至同一水平面），静置 1h 左右（胶充分凝固），倒出 ddH_2O，用滤纸吸干残留的 ddH_2O。

（4）制备压缩胶（3%）：取 1.7mL ddH_2O、420μL 30% 丙烯酰胺、310μLTris-HCl（1mol/L，pH 值 6.8）、25μL 10%APS、25μL 10%SDS、3μL TEMED，混合均匀，转移到电泳板中（约 1mL，可根据需要调整所需要配制的压缩胶的体积），使胶体至短板边缘，立即插入合适的梳子，静置 1h（胶体凝固），拔出梳子，用 ddH_2O 清洗胶孔（彻底清除孔内的气泡）。

（5）电泳：

①用垂直电泳槽进行电泳，按照电泳槽的说明书装好电泳槽。内外槽中分别加入 1×电泳缓冲液，内槽缓冲液没过胶，外槽可低于内槽 2~5cm。

②用微量进样器向每孔依次加入 10μL 处理好的蛋白样品或者 5μL 低分子量蛋白 marker。

③接通电源，先用 20mA 电流进行稳流电泳，当溴酚蓝带泳动至压缩胶与分离胶的界线处时（约 20min），将电流升为 40mA，直到溴酚蓝带泳动至

胶体接近底部边缘时结束电泳。

（6）考马斯亮蓝染色：

①电泳结束后，关掉电源，取出玻璃板，在长短两块玻璃板下角空隙内，用刀轻轻撬动，将胶面与一块玻璃板分开，将凝胶小心地从玻璃板中取出，切角以作记号，将胶置于塑料盒中，用考马斯亮蓝染色液轻轻摇荡染色1h。

②从染色液中将胶小心取出，放入装有考马斯亮蓝脱色液的塑料盒中，置于水平摇床上脱色至蛋白条带清晰可辨。

主要参考文献

冯毛，李建科，2009. 王浆高产蜜蜂和原种意大利蜜蜂咽下腺发育蛋白质组分析［J］. 中国农业科学，42（2）：677-687.

黄晓，江武军，何旭江，等，2016. 中蜂雄蜂封盖气孔结构及功能分析［J］. 江西农业大学学报，38（2）：376-380.

江武军，吴小波，刘光楠，等，2017. 天然蜂粮生产技术研究与应用［J］. 中国农业科学，50（19）：3828-3836.

李淼生，1982. 中意蜂营养杂交育种的探讨［J］. 养蜂科技，1：42-44.

李震，刘志勇，江武军，等，2019. 天然蜂粮对高脂血症大鼠血脂、抗氧化及免疫功能的影响［J］. 中国农业科学，52（16）：2912-2920.

李震，易瑶，何旭江，等，2022. 全基因组DNA甲基化揭示西方蜜蜂表观遗传印迹［J］. 江西农业大学学报，44（4）：968-975.

李忠谱，1989. 浅谈蜂粮［J］. 蜜蜂杂志（5）：5-6.

刘朋飞，吴杰，李海燕，等，2011. 中国农业蜜蜂授粉的经济价值评估［J］. 中国农业科学，44（24）：5117-5123.

刘志勇，王子龙，王欢，等，2011. 中华蜜蜂csd多态性分析［J］. 中国农业科学，44（23）：4911-4917.

石憬林，1994. 蜂粮营养并不高于蜂花粉［J］. 养蜂科技（3）：20-21.

石元元，王子龙，曾志将，2014. 表观遗传学与蜜蜂级型分化的研究进展. 应用昆虫学报，51（6）：1406-1412.

石元元，曾志将，吴小波，等，2011. 人工注射Dnmt3 siRNA对意大利蜜蜂雌性发育的影响［J］. 昆虫学报，54（3）：272-278.

苏松坤，陈盛禄，2002. 茶（*Camellia sinensis*）蜂花粉及其蜂粮的营养成分研究［J］. 上海交通大学学报（农业科学版）（2）：95-99.

田柳青，何旭江，吴小波，等，2014. 基于 RFID 技术的西方蜜蜂采集行为研究 [J]. 应用生态学报，25（3）：831-835.

吴杰，2012. 蜜蜂学 [M]. 北京：中国农业出版社.

谢宪兵，彭文君，曾志将，2008. 应用蜜蜂营养杂交技术培育抗螨蜂种 [J]. 中国农业科学，41（5）：1530-1535.

谢宪兵，孙亮先，黄康，等，2008. 中华蜜蜂急造王台的工蜂亲属优惠研究 [J]. 动物学报（4）：695-700.

颜伟玉，Le Conte Y，Beslay B，等，2009. 中华蜜蜂幼虫信息素鉴定 [J]. 中国农业科学，42（6）：2250-2254.

颜伟玉，曾志将，吴小波，等，2009. 中华蜜蜂卵表面微观结构及化学成分初步研究 [J]. 昆虫学报，52（1）：116-120.

袁耀东，1991. 蜂粮的成份和作用 [J]. 中国养蜂（6）：36-37.

曾志将，2007. 蜜蜂生物学 [M]. 北京：中国农业出版社.

曾志将，2020. 中国 70 年来蜜蜂生物学研究进展 [J]. 应用昆虫学报，57（2）：259-264.

曾志将，2023. 养蜂学 [M]. 第 4 版. 北京：中国农业出版社.

曾志将，等，2013. 蜂王浆机械化生产技术 [M]. 北京：中国农业出版社.

曾志将，等，2015. 蜜蜂生物学理论中若干问题研究 [M]. 北京：科学出版社.

张波，吴小波，廖春华，等，2018. 蜜蜂免移虫技术研究与应用 [J]. 中国农业科学，51（22）：4387-4394.

张含，曾志将，颜伟玉，等，2010. 幼虫信息素中三种酯类对中华蜜蜂工蜂发育和采集行为的影响 [J]. 昆虫学报，53（1）：55-60.

郑宇，2022. 天然蜂粮生产器改进及贮藏因素对天然蜂粮的影响 [D]. 南昌：江西农业大学.

AKHMETOVA R, SIBGATULLIN J, GARMONOV S, et al., 2012. Technology for extraction of bee-bread from the honeycomb [J]. Procedia Engineering, 42: 1822-1825.

ANDERSON D, EAST IJ, 2008. The latest buzz about colony collapse disorder [J]. Science, 319: 724-725.

BEYE M, HASSELMANN M, FONDRK MK, et al., 2003. The Gene csd Is the Primary Signal for Sexual Development in the Honeybee and Encodes an SR-Type Protein [J]. Cell, 114 (4): 419-429.

BEYE M, MORITZ RFA, EPPLEN C, 1994. Sex linkage in the honeybee *Apis mellifera*, detected by multilocus DNA fingerprinting [J]. Naturwissenschaften, 81 (10): 460-462.

BRIAND L, NESPOULOUS C, HUET J C, et al., 2002. Characterization of a chemosensory protein (ASP3c) from honeybee (*Apis mellifera* L.) as a brood pheromone carrier [J]. European Journal of Biochemistry, 269 (18): 4586-4596.

BULL JJ, 1983. Evolution of sex determining mechanisms [M]. Menlo Park, CA: Benjamin-Cummings.

CHEN X, HU Y, ZHENG H, et al., 2012. Transcriptome comparison between honey bee queen-and worker-destined larvae [J]. Insect biochemistry and molecular biology, 42 (9): 665-673.

CHO S, HUANG ZY, GREEN DR, et al., 2006. Evolution of the complementary sex-determination gene of honey bees: balancing selection and trans-species polymorphisms [J]. Genome research, 16 (11): 1366-1375.

CHO S, HUANG ZY, ZHANG J, 2007. Sex-specific splicing of the honeybee doublesex gene reveals 300 million years of evolution at the bottom of the insect sex-determination pathway [J]. Genetics, 177 (3): 1733.

COSTA V, ANGELINI C, DE FEIS I, et al., 2010. Uncovering the complexity of transcriptomes with RNA-Seq [J]. Journal of Biomedicine and Biotechnology: 853916-853934.

COX-FOSTER DL, 2007. A metagenomic survey of microbes in honey bee colony collapse disorder [J]. Science, 318: 283-287.

DELANEY DA, KELLER JJ, CAREN J R, et al., 2011. The physical, insemination, and reproductive quality of honey bee queens (*Apis mellifera* L.). [J]. Apidologie. 42 (1): 1-13.

FENG M, FANG Y, LI J, 2009. Proteomic analysis of honeybee worker (*Apis mellifera*) hypopharyngeal gland development [J]. BMC Genomics, 10: 645.

FREE JB, 1987. Pheromones of social bees [M]. London: Chapman and Hall.

GALLAI N, SALLES J-M, SETTELE J, et al., 2009. Economic valuation of the vulnerability of world agriculture confronted with pollinator decline [J]. Ecological Economics, 68 (3): 810-821.

GEMPE T, HASSELMANN M, SCHIØTT M, et al., 2009. Sex determination in honeybees: two separate mechanisms induce and maintain the female pathway [J]. PLoS Biology, 7 (10): e1000222.

GIURFA M, FABRE E, FLAVEN-POUCHON J, 2009. Olfactory conditioning of the sting extension reflex in honeybees: memory dependence on trial number, interstimulus interval, intertrial interval, and protein synthesis [J]. Learning & Memory, 16 (12): 761-765.

GRAYSTOCK P, GOULSON D, HUGHES WOH, 2015. Parasites in bloom: flowers aid dispersal and transmission of pollinator parasites within and between bee species [J]. Proceedings of the Royal Society B-Biological Sciences, 282: 20151371.

GREGORC A, ALBURAKI M, WERLE C, et al., 2017. Brood removal or queen caging combined with oxalic acid treatment to control varroa mites (Varroa destructor) in honey bee colonies (*Apis mellifera*) [J]. Apidologie, 48: 821-832.

GUAN C, BARRON AB, HE XJ, et al., 2013. A comparison of digital gene expression profiling and methyl DNA immunoprecipitation as methods for gene discovery in honeybee (*Apis mellifera*) behavioural genomic analyses [J]. PLoS One, 8 (9): 1-10, e73628.

GUO X, SU S, SKOGERBOE G, et al., 2013. Recipe for a busy bee: microRNAs in honey bee caste determination [J]. PLoS One, 8 (12): e81661.

HANEL H, RUTTNER F, 1985. The origin of the pore in the drone cell capping of *Apis cerana* Fabr [J]. Apidologie, 16 (2): 157-164.

HASSELMANN M, BEYE M, 2004. Signatures of selection among sex-determining alleles of the honey bee [J]. Proceedings of the National Academy of Sciences of the United States of America, 101 (14): 4888.

HASSELMANN M, GEMPE T, SCHIOTT M, 2008. Evidence for the evolutionary nascence of a novel sex determination pathway in honeybees [J]. Nature, 454 (7203): 519-522.

HE XJ, JIANG WJ, ZHOU M, et al., 2019. A comparison of honeybee (*Apis mellifera*) queen, worker and drone larvae by RNA-Seq [J]. Insect Science, 26 (2): 499-509.

HE XJ, TIAN LQ, WU XB, et al., 2016. RFID monitoring indicates honeybees work harder before a rainy day [J]. Insect Science, 23 (1): 157-159.

HE XJ, WANG WX, QIN QH, et al., 2013. Assessment of flight activity and homing ability in Asian and European honey bee species, *Apis cerana* and *Apis mellifera*, measured with radio frequency tags [J]. Apidologie, 44 (1): 38-51.

HE XJ, ZHANG XC, JIANG WJ, et al., 2016. Starving honey bee (*Apis mellifera*) larvae signal pheromonally to worker bees [J]. Scientific Reports, (6): 22359.

HE XJ, ZHOU LB, PAN QZ, et al., 2017. Making a queen: an epigenetic analysis of the robustness of the honey bee (*Apis mellifera*) queen developmental pathway [J]. Molecular Ecology, 26 (6): 1598-1607.

HUANG Z Y, ROBINSON G E, 1992. Honeybee colony integration: Worker-worker interactions mediate hormonally regulated plasticity in division of labor [J]. Proceedings of the National Academy of Sciences, 89: 11726-11729.

HUNT GJ, Jr REP, 1994. Linkage analysis of sex determination in the honey bee (*Apis mellifera*) [J]. Molecular & General Genetics Mgg, 244 (5): 512-518.

HUNT GJ, PAGE RE Jr, 1995. Linkage map of the honey bee, *Apis mellifera*, based on RAPD markers [J]. Genetics, 139 (3): 1371-1382.

JIANKE L, MAO F, BEGNA D, et al., 2010. Proteome comparison of hypopharyngeal gland development between Italian and royal jelly producing worker honeybees (*Apis mellifera* L.) [J]. Journal of Proteome Research, 9 (12): 6578-6594.

JOEL GC, HELEN B, SONIA RV, et al., 2010. A single mutation is driving resistance to pyrethroids in European populations of the parasitic mite, Varroa destructor [J]. Journal of Pest Sciencex, 91: 1137-1144.

JUNG CE, 2008. Economic value of honeybee pollination on major fruit and vegetable crops in Korea [J]. Korean Journal of Apiculture, 23 (2): 147-152.

KERR WE, 1962. Genetics of Sex Determination [J]. Annual Review of Entomology, 7 (1): 157-176.

KIM SH, MONDET F, HERVE M, et al., 2018. Honey bees performing varroa sensitive hygiene remove the most mite-compromised bees from highly infested patches of brood [J]. Apidologie, 49: 335-345.

KUCHARSKI R, MALESZKA J, FORET S, et al., 2018. Nutritional control of reproductive status in honeybees via DNA methylation [J]. Sciencex, 319 (5871): 1827-1830.

LE CONTE Y, ARNOLD G, TROILER J, 1989. Attraction of the parasitic mite Varroa to the drone larvae of honey bees by simple aliphatic esters [J]. Science, 245: 638-639.

LEONCINI I, LECONTE Y, COSTAGLIOLA G, 1989. Regulaiton of behavioral maturation by a primer pheromone produced by adult worker honey bees [J]. Proceedings of the National Academy of Sciences of the United States of Americax, 101, 50: 17559-17564.

LIN Z, SU X, WANG S, et al., 2020. Fumigant toxicity of eleven Chinese herbal essential oils against an ectoparasitic mite (Varroa destructor) of the honey bee (*Apis mellifera*) [J]. Journal of Apicultural Research, 59: 204-210.

LIU H, WANG ZL, TIAN LQ, et al., 2014. Transcriptome differences in the hypopharyngeal gland between Western Honeybees (*Apis mellifera*) and Eastern Honeybees (Apis cerana) [J]. BMC Genomics, 15 (1): 744.

LIU Z, JI T, YIN L, et al., 2013. Transcriptome sequencing analysis reveals the regulation of the hypopharyngeal glands in the honey bee, *Apis mellifera carnica* Pollmann [J]. PLoS One, 8 (12): e81001.

LIU ZY, WANG ZL, WU XB, et al., 2011. csd alleles in the red dwarf honey bee (*Apis florea*, Hymenoptera: Apidae) show exceptionally high nucleotide diversity [J]. Insect Science, 18: 645-651.

LIU ZY, WANG ZL, YAN WY, et al., 2012. The sex determination gene shows no founder effect in the giant honey bee, *Apis dorsata* [J]. PLoS One, 7 (4): e34436.

MORFIN N, GOODWIN PH, GUZMAN-NOVOA E, 2020. The combined effects of Varroa destructor parasitism and exposure to neonicotinoids affects honey bee (Apis mellifera L.) memory and gene expression [J]. Biology, 9, doi: 10. 3390/biology9090237

MORSE RA, CALDERONE NW, 2000. The value of honey bees as pollinators of US crops in 2000 [J]. Bee Culture, 128: 1-15.

MOTA T, GIURFA M, SANDOZ J, 2011. Color modulates olfactory learning in honeybees by an occasion-setting mechanism [J]. Learning & Memory, 18 (3): 144-155.

NUNES-SILVA P, HRNCIR M, GUIMARÃES JTF, et al., 2019. Applications of RFID technology on the study of bees [J]. Insectes sociaux, 66: 15-24.

ODDIE MAY, DAHLE B, NEUMANN P, 2017. Norwegian honey bees surviving Varroa destructor mite infestations by means of natural selection [J]. Peer J, 5: e3956.

PAHL M, ZHU H, TAUTZ J, et al., 2011. Large scale homing in honeybees [J]. PLoS One, 6 (5): e19669.

PAN QZ, WU XB, GUAN C, et al., 2013. A New method of queen rearing without grafting larvae. American Bee Journal, 153 (12): 1279-1280.

PANKIW T, ROBER E, PAGE Jr, 1998. Brood pheromone stimulates pollen foraging in honey bees (*Apis mellifera*). Behav Evol Sociobiol, 44: 193-198.

PERRY CJ, SØVIK E, MYERSCOUGH MR, et al., 2015. Rapid behavioral maturation accelerates failure of stressed honey bee colonies [J]. Proceedings of the National Academy of Sciences, 112 (11): 3427-3432.

RATH W, 1992. The key to *Varroa*: the drones of *Apis cerana* and their cell cap [J]. American Bee Journal, 132 (5): 329-331.

ROGERS L J, VALLORTIGARA G, 2008. From antenna to antenna: lateral shift of olfactory memory recall by honeybees [J]. PLoS One, 3 (6): e2340.

RUTTNER F, 1988. Biogeography and taxonomy of honeybees [M]. Berlin Heidelberg: Springer-Verlag: 50-51.

RYABOV E V, 2019. Dynamic evolution in the key honey bee pathogen deformed wing virus: Novel insights into virulence and competition using reverse genetics [J]. PLoS Biology, 17: e3000502.

SABAHI Q, HAMIDUZZAMAN MM, BARAJAS-PÉREZ JS, et al., 2018. Toxicity of Anethole and the Essential Oils of Lemongrass and Sweet Marigold to the Parasitic Mite Varroa destructor and Their Selectivity for Honey Bee (*Apis mellifera*) Workers and Larvae [J]. Psyche, 6196289.

SHI YY, HUANG ZY, WU XB, et al., 2014. Changes in alternativesplicing in *Apis mellifera* after being fed *Apis cerana* royal jelly [J]. Journal of Apicultural Science, 58 (2): 25-31

SHI YY, SUN LX, HUANG ZY, et al., 2013. A SNP based high-density linkage map of *Apis cerana* reveals a high recombination rate similar to Apis mellifera [J]. PLoS One, 8 (10): e76459.

SHI YY, WU XB, HUANG ZY, et al., 2012. Epigenetic modification of gene expression in honey bees by heterospecific gland secretions [J]. PLoS One, 7 (8): e43727

SHI YY, YAN WY, HUANG ZY, et al., 2013. Genome-wide analysis indicates that queen larvae have lower methylation levels in the honey bee (*Apis mellifera*) [J]. Naturwissenschaften, 100 (2): 193-197.

SHI YY, ZHENG HJ, PAN QZ, et al., 2015. Differentially expressed microRNAs between queen and worker larvae of honey bee (*Apis mellifera*) [J]. Apidologie, 46 (1): 35-45.

SOLIGNAC M, VAUTRIN D, BAUDRY E, et al., 2004. A microsatellite-based linkage map of the honeybee, *Apis mellifera* L [J]. Genetics, 167 (1): 253-262.

SPANNHOFF A, KIM YK, RAYNAL NJM, et al., 2011. Histone deacetylase inhibitor activity in royal jelly might facilitate caste switching in bees [J]. EMBO reports, 12 (3): 238-243.

STELZER RJ, CHITTKA L, 2010. Bumblebee foraging rhythms under the midnight sun measured with radio frequency identification [J]. BMC Biology, 8: 1-7.

SUMNER S, LUCAS E, BARKER J, et al., 2007. Radio-Tagging Technology reveals extreme nest-drifting behavior in a eusocial insect [J]. Current Biology, 17: 140-145.

VERGOZ V, ROUSSEL E, SANDOZ JC, et al., 2007. Aversive learning in honeybees revealed by the olfactory conditioning of the sting extension reflex [J]. PLoS ONE, 2 (3): e288.

WANG M, XIAO Y, LI Y, et al., 2021. RNA m6A modification functions in larval development and caste differentiation in honeybee (*Apis mellifera*) [J]. Cell Reports, 34 (1): 108580.

WANG Z, LIU Z, WU X, et al., 2012. Polymorphism analysis of csd gene in six *Apis mellifera* subspecies [J]. Molecular Biology Reports, 39 (3): 3067-3071.

WANG ZL, LIU TT, HUANG ZY, et al., 2012. Transcriptome analysis of the Asian honey bee *Apis cerana cerana* [J]. PLoS One, 7 (10): e47954.

WEI H, HE XJ, LIAO CH, et al., 2019. A maternal effect on queen production in the honey bee [J]. Current Biology, 29 (13): 2208-2213.

WILFERT L, LONG G, LEGGETT HC, et al., 2016. Deformed wing virus is a recent global epidemic in honeybees driven by Varroa mites [J]. Science, 351: 594-597.

WOJCIECHOWSKI M, LOWE R, MALESZKA J, et al., 2018. Phenotypically distinct female castes in honey bees are defined by alternative chromatin states during larval development [J]. Genome research, 28 (10): 1532-1542.

WOYKE J, 1965. Do honeybees eat diploid drone larvae because they are in worker cells [J]. Journal of Apicultural Research, 2: 65-70.

WU XB, LIAO CH, HE XJ, et al., 2022. Sublethal fluvalinate negatively affect the development and flight capacity of honeybee (*Apis mellifera* L.) workers [J]. Environmental Research, 203: 111836.

YI Y, HE XJ, BARRON AB, et al., 2020. Transgenerational accumulation of methylome changes discovered in commercially reared honey bee (*Apis mellifera*) queens [J]. Insect Biochemistry and Molecular Biology, 127: 103476.

YI Y, LIU YB, BARRON AB, et al., 2020. Transcriptomic, morphological and developmental comparison of adult honey bee queens reared from eggs or worker larvae of differing ages [J]. Journal of Economic Entomology, 113 (6): 2581-2587.

YI Y, LIU YB, BARRON AB, et al., 2021. Effects of commercial queen rearing methods on queen fecundity and genome methylation [J]. Apidologie, 52 (1), 282-291.

ZENG ZJ, ZOU Y, GUO DS, et al., 2006. Comparative studies of DNA and RNA from the royal jelly of *Apis mellifera* and *Apis cerana* [J]. Indian Bee Journal, 68: 18-21.

ZHANG Y, HE XJ, BARRON AB, et al., 2021. The diverging epigenomic landscapes of honeybee queens and workers revealed by multiomic sequencing [J]. Insect Biochemistry and Molecular Biology, 155: 103929.

基于花生粕——创制优质生物饲料的关键技术

主 编 孙海彦

副主编 蔡国林 郭 妞

中国农业科学技术出版社

图书在版编目（CIP）数据

基于花生粕创制优质生物饲料的关键技术 / 孙海彦主编. --北京：中国农业科学技术出版社，2022.12
ISBN 978-7-5116-6112-8

Ⅰ.①基… Ⅱ.①孙… Ⅲ.①生物-饲料-研究-中国 Ⅳ.①S816

中国版本图书馆CIP数据核字（2022）第240587号

责任编辑	李　娜　穆玉红
责任校对	李向荣　贾若妍
责任印制	姜义伟　王思文

出 版 者	中国农业科学技术出版社
	北京市中关村南大街12号　邮编：100081
电　　话	（010）82106626（编辑室）　（010）82109702（发行部）
	（010）82109709（读者服务部）
网　　址	https://castp.caas.cn
经 销 者	各地新华书店
印 刷 者	北京建宏印刷有限公司
开　　本	170 mm×240 mm　1/16
印　　张	13
字　　数	310千字
版　　次	2022年12月第1版　2022年12月第1次印刷
定　　价	65.00元

◆◆◆ 版权所有·翻印必究 ◆◆◆